U0563949

配网不停电作业技术

陈保华　陈德俊　主　编
杨理华　曾文欣　高俊岭　副主编

中国电力出版社
CHINA ELECTRIC POWER PRESS

内 容 提 要

本书依据相关国家标准和国家电网公司与南方电网公司企业标准及规定，结合生产一线配网不停电作业技术推广与应用情况编写而成。

本书共 10 章，主要内容包括：配网不停电作业概述、方法、人员、对象、项目、装备、标准、措施、流程、方案。

本书可作为配网不停电作业人员岗位培训和作业用书，还可供从事配网不停电作业的相关人员学习参考，还可作为职业技术培训院校师生在不停电作业方面的培训教材与学习参考资料。

图书在版编目（CIP）数据

配网不停电作业技术 / 陈保华，陈德俊主编；杨理华，曾文欣，高俊岭副主编. -- 北京：中国电力出版社，2025. 5. -- ISBN 978-7-5198-9836-6

Ⅰ . TM727

中国国家版本馆 CIP 数据核字第 2025QX1564 号

出版发行：中国电力出版社

地　　址：北京市东城区北京站西街 19 号（邮政编码 100005）

网　　址：http://www.cepp.sgcc.com.cn

责任编辑：周秋慧　王　南（010-63412876）

责任校对：黄　蓓　马　宁

装帧设计：张俊霞

责任印制：石　雷

印　　刷：廊坊市文峰档案印务有限公司

版　　次：2025 年 5 月第一版

印　　次：2025 年 5 月北京第一次印刷

开　　本：787 毫米×1092 毫米　16 开本

印　　张：15.25

字　　数：333 千字

定　　价：80.00 元

《配网不停电作业技术》

编委会

前言

配网不停电作业作为提高供电可靠性的重要手段之一，是指以实现用户不中断供电为目的，采用多种方式对配网设备进行检修和施工的作业方式。以客户为中心，全面提升获得电力服务水平，不停电工作必须贯穿于配电网规划设计、基建施工、运维检修、用户业扩的全过程，包括配电工程方案编制、设计、设备选型等环节，也应考虑不停电作业的要求。按照"先转电、后带电、再保电"及"更简单、更安全、更高效"的原则，基于"带电作业、旁路作业、发电作业"等多种方式有机结合的不停电作业技术将全面融入不停电作业工作中。为此，本书依据相关国家标准和国家电网有限公司与中国南方电网有限责任公司相关企业标准及规定，结合生产一线配网不停电作业技术推广与应用情况编写而成。

本书共 10 章，主要内容包括配网不停电作业概述、方法、人员、对象、项目、装备、标准、措施、流程、方案。

本书由武汉时代电力技术有限公司组织编写，国网江西宜春供电公司陈保华、（原）郑州电力高等专科学校（国网河南技培中心）陈德俊主编，国网江西抚州供电公司杨理华、国网江西南昌供电公司曾文欣、郑州电力高等专科学校（国网河南技培中心）高俊岭副主编。参编人员：国网江西南昌供电公司饶佳、刘子祎、喻维超、陈飞鹏，国网江西安义县供电公司刘骁，郑州电力高等专科学校（国网河南技培中心）于小龙，国网江西景德镇供电公司郑剑锋、姚文斌、胡承浩、程驰、程紫轩、李帆、郑清泉、史青卓、何庭英、程鹏，国网江西抚州供电公司曾含笑、陈继峰，国网江西彭泽县供电公司宋立，国网江西庐山市供电公司左绅，国网江西高安市供电公司张司琦，国网江西上高县供电公司黄颖、简绍贵，国网江西万载县供电公司徐伟，国网江西袁州区供电公司李富胜，国网江西靖安县供电公司熊健，国网江西分宜县供电公司况雷春，国网江西赣州经开区供电公司郭林，国网江西宜春供电公司叶晨，国网江西宜丰县供电公司肖丰，国网河南省电力公司济源供电公司吴三钢，天津瑞嘉（天津）智能机器人有限公司李帅、邓志洋。全书插图由陈德俊主持开发，天津瑞嘉（天津）智能机器人有限公司、河南宏驰电力技术有限公司提供不停电作业工具装备支持，河南启功建设有限公司提供不停电作业技术应用支持。

由于编者水平有限，书中难免存在不足之处，恳请读者提出批评指正。

编　者

2024 年 12 月

目　录

第1章　配网不停电作业概述

1923年美国人在34kV架空线路上使用木质操作杆进行了世界首次带电作业，掀开了线路带电作业的新纪元。1954年鞍山电业局在3.3kV架空线路上使用木质操作杆进行了带电作业，开创了中国带电作业的先河。目前，全面实现用户完全不停电，全面提升"获得电力"服务水平，持续优化用电营商环境，配网不停电作业已经贯穿于配电网规划设计、基建施工、运维检修、用户业扩的全过程；配网施工检修作业也已经由"能带不停（能带电、不停电）"向"能转不停（能转供电、不停电）、能保不停（能保供电、不停电）"，以及"带电作业、旁路作业、发电作业"相结合的全面不停作业转变；配电运营服务保障必须由"接上电、修得快"向"用好电、不停电"转变。本章就配电网常用术语、配电网典型接线方式、供电可靠性、中国带电作业技术发展、配网不停电作业技术发展等内容进行介绍。

1.1　配电网常用术语

电能的生产、输送、分配和消费的各个环节，构成了由发电、输电、变电、配电、用电及调度组成的一个强大的发电和供电系统。其中，承担输送、变换和分配电能的供电系统就是电力网，它是电力系统的一部分。电力网按其电力系统的作用不同分为输电网和配电网。输电网是电力网中的主干网络，包括：高压（110、220kV）、超高压（330、500、750kV）、特高压（1000kV）交流输电线路，以及超高压（±400、±500、±660kV）、特高压（±800、±1100kV）直流输电线路。

依据《配电网技术导则》（Q/GDW 10370—2016），配电网有常用如下术语。

1.1.1　配电网

配电网是由架空线路、电缆、杆塔、配电变压器、隔离开关、无功补偿电容及一些附属设施等组成，在电力网中起重要分配电能的作用，包括高压配电网（35、110kV）、中压配电网（10、20kV）、低压配电网（220/380V），以及架空配电网、电缆配电网和混合配电网。

1.1.2　开关站

开关站是指一般由上级变电站直供、出线配置带保护功能的断路器、对功率进行再分配的配电设备及土建设施的总称，相当于变电站母线的延伸。开关站进线一般为两路电源，设母联开关。开关站内必要时可附设配电变压器。

1.1.3 环网柜

环网柜是指用于 10kV 电缆线路环进环出及分接负荷的配电装置。环网柜中用于环进环出的开关一般采用负荷开关，用于分接负荷的开关采用负荷开关或断路器。环网柜按结构可分为共箱型和间隔型，一般按每个间隔或每个开关称为一面环网柜。

1.1.4 环网室

环网室是指由多面环网柜组成，用于 10kV 电缆线路环进环出及分接负荷，且不含配电变压器的户内配电设备及土建设施的总称。

1.1.5 环网箱

环网箱是指安装于户外、由多面环网柜组成、有外箱壳防护，用于 10kV 电缆线路环进环出及分接负荷，且不含配电变压器的配电设施。

1.1.6 配电室

配电室是指将 10kV 变换为 220V/380V，并分配电力的户内配电设备及土建设施的总称，配电室内一般设有 10kV 开关、配电变压器、低压开关等装置。配电室按功能可分为终端型和环网型。终端型配电室主要为低压电力用户分配电能；环网型配电室除了为低压电力用户分配电能之外，还用于 10kV 电缆线路的环进环出及分接负荷。

1.1.7 箱式变电站

箱式变电站是指安装于户外、有外箱壳防护、将 10kV 变换为 220V/380V，并分配电力的配电设施，箱式变电站内一般设有 10kV 开关、配电变压器、低压开关等装置。箱式变电站按功能可分为终端型和环网型。终端型箱式变电站主要为低压电力用户分配电能；环网型箱式变电站除了为低压用户分配电能之外，还用于 10kV 电缆线路的环进环出及分接负荷。

1.1.8 主干线

10kV 主干线是指由变电站或开关站馈出、承担主要电能传输与分配功能的 10kV 架空或电缆线路的主干部分，具备联络功能的线路段是主干线的一部分。主干线包括架空导线、电缆、开关等设备，设备额定容量应匹配。

1.1.9 分支线

10kV 分支线是指由 10kV 主干线引出的，除主干线以外的 10kV 线路部分。

1.1.10 电缆线路

10kV 电缆线路是指主干线全部为电力电缆的 10kV 线路。

1.1.11 架空（架空电缆混合）线路

10kV 架空（架空电缆混合）线路是指主干线为架空线或混有部分电力电缆的 10kV 线路。

1.2 配电网典型接线方式

依据《配电网技术导则》（Q/GDW 10370—2016）的规定，10kV 架空网典型接线方式主要包括架空网典型接线方式和电缆网典型接线方式。

1.2.1 架空网典型接线方式

（1）三分段、三联络接线方式。10kV 架空线路三分段、三联络接线方式如图 1-1 所示，在周边电源点数量充足，10kV 架空线路宜环网布置开环运行，一般采用柱上负荷开关将线路多分段、适度联络，可提高线路的负荷转移能力。当线路负荷不断增长，线路负载率达到 50%以上时，采用此结构还可提高线路负载水平。

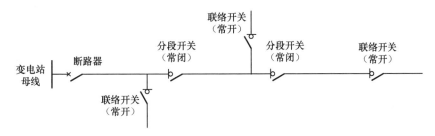

图 1-1 10kV 架空线路三分段、三联络接线方式

（2）三分段、单联络接线方式。10kV 架空线路三分段、单联络接线方式如图 1-2 所示，在周边电源点数量有限，且线路负载率低于 50%的情况下，不具备多联络条件时，可采用线路末端联络接线方式。

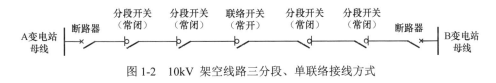

图 1-2 10kV 架空线路三分段、单联络接线方式

（3）三分段单辐射接线方式。10kV 架空线路三分段单辐射接线方式如图 1-3 所示，在周边没有其他电源点，且供电可靠性要求较低的地区，目前暂不具备与其他线路联络的条件，可采取多分段单辐射接线方式。

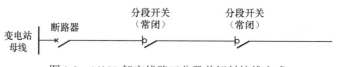

图 1-3　10kV 架空线路三分段单辐射接线方式

1.2.2　电缆网典型接线方式

（1）单环网接线方式。10kV 电缆线路单环网接线方式如图 1-4 所示，自同一供电区域两座变电站的中压母线（或一座变电站的不同中压母线）、或两座中压开关站的中压母线（或一座中压开关站的不同中压母线）馈出单回线路构成单环网，开环运行。电缆单环网适用于单电源用户较为集中的区域。

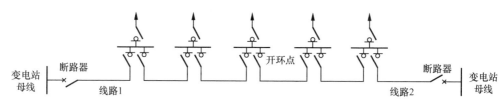

图 1-4　10kV 电缆线路单环网接线方式

（2）双射接线方式。10kV 电缆线路双射接线方式如图 1-5 所示，自一座变电站（或中压开关站）的不同中压母线引出双回线路，形成双射接线方式；或自同一供电区域的不同变电站引出双回线路，形成双射接线方式。有条件、必要时，可过渡到双环网接线方式。双射网适用于双电源用户较为集中的区域，接入双射的环网室和配电室的两段母线之间可配置联络开关，母联开关应手动操作。

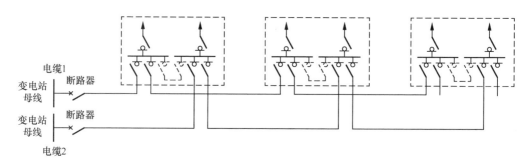

图 1-5　10kV 电缆线路双射接线方式

（3）双环网接线方式。10kV 电缆线路双环网接线方式如图 1-6 所示，自同一供电区域的两座变电站（或两座中压开关站）的不同中压母线各引出二对（4 回）线路，构成双环网的接线方式。双环网适用于双电源用户较为集中且供电可靠性要求较高的区域，接入双环网的环网室和配电室的两段母线之间可配置联络开关，母联开关应手动操作。

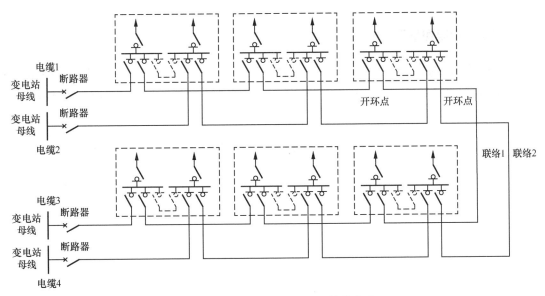

图 1-6　10kV 电缆线路双环网接线方式

（4）对射接线方式。10kV 电缆线路对射接线方式如图 1-7 所示，自不同方向电源的两座变电站（或中压开关站）的中压母线馈出单回线路组成对射线接线方式，一般由双射线改造形成。对射网适用于双电源用户较为集中的区域，接入对射的环网室和配电室的两段母线之间可配置联络开关，母联开关应手动操作。

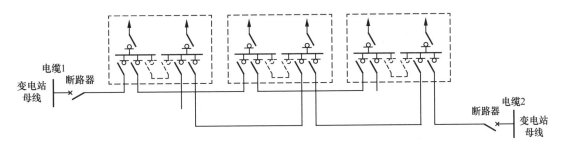

图 1-7　10kV 电缆线路对射接线方式

1.3　供电可靠性相关指标

配电网是连接终端电力用户和大电网的桥梁，直接关系到用户的电能质量和供电可靠性，对城市用户供电可靠性的影响比较大。

1.3.1　供电可靠性

供电可靠性是指配电网向用户持续供电的能力，是考核供电系统电能质量的重要指标。

1.3.2 供电可靠率

供电可靠率 $R_{S\text{-}1}$ 是指在统计期间内，对用户有效供电小时数与统计期间小时数的比值，是计入所有对用户的停电后得出的，真实地反映了电力系统对用户的供电能力，其计算公式为

$$R_{S\text{-}1} = \left[1 - \frac{T_1 户均停电时间（计划停电时间+故障停电时间）}{T 统计期时间} \right] \times 100\% \qquad （1\text{-}1）$$

式中，户均停电时间 T_1 包括故障停电时间、预安排（计划和临时）停电时间及系统电源不足限电时间。

1.3.3 提高供电可靠率

提高供电可靠率 β 的计算公式为

$$\beta = \frac{N_1 减少停电时户数}{N 总户数 \times T 统计周期小时数} \times 100\% \qquad （1\text{-}2）$$

1.3.4 不停电作业化率

不停电作业化率 η 计算公式为

$$\eta = \frac{W 统计周期内不停电作业减少停电时户数}{W_1 计划停电时户数（不含故障停电）+ W_2 不停电作业减少停电时户数} \times 100\% \qquad （1\text{-}3）$$

1.3.5 供电可靠性目标

依据《配电网规划设计技术导则》（DL/T 5729—2016）的规定：

（1）供电区域中心城市（区）A^+。供电可靠率 $R_{S\text{-}1} \geqslant 99.999\%$，用户年平均停电时间不高于 5 分钟，综合电压合格率 $\geqslant 99.99\%$；

（2）供电区域中心城市（区）A。供电可靠率 $R_{S\text{-}1} \geqslant 99.990\%$，用户年平均停电时间不高于 52 分钟，综合电压合格率 $\geqslant 99.97\%$；

（3）供电区域城镇地区 B。供电可靠率 $R_{S\text{-}1} \geqslant 99.965\%$，用户年平均停电时间不高于 3 小时，综合电压合格率 $\geqslant 99.95\%$；

（4）供电区域城镇地区 C。供电可靠率 $R_{S\text{-}1} \geqslant 99.863\%$，用户年平均停电时间不高于 12 小时，综合电压合格率 $\geqslant 98.79\%$；

（5）供电区域乡村地区 D。供电可靠率 $R_{S\text{-}1} \geqslant 99.726\%$，用户年平均停电时间不高于 24 小时，综合电压合格率 $\geqslant 97.00\%$；

（6）供电区域乡村地区 E。供电可靠率 $R_{S\text{-}1}$、用户年平均停电时间、综合电压合格率不低于向社会承诺的目标。

1.4　中国带电作业技术发展

中国的带电作业"能带不停"技术兴起于 20 世纪 50 年代初期,辽宁省鞍山市就是当年中国带电作业的发源地。根据《中国电力工业史·辽宁卷》记载:"带电作业"技术是鞍山电业局最早提出并首先应用于生产中的。

《鞍山电业局志·第一卷》记载:"带电作业"是在不间断对用户供电的情况下,进行有电设备的检修、维护和测试工作的专门技术。这是老一代带电作业专家们对带电作业技术的一个诠释,体现了"人民电业为人民"的服务宗旨,带电作业应以实现用户的不停电为目的。

1994 年 5 月 12 日,《中国电力报》发表了题为《科技是第一生产力的伟大实践—纪念中国带电作业诞生四十周年》社论,开篇讲述:40 年前的 5 月 12 日,以鞍山电业局提出用带电作业方法更换在 3.3kV 直线杆立瓶、横担的合理化建议为标志,开创了中国带电作业的光辉历程。鞍山电业局编辑出版的《纪念鞍山电业局带电作业兴起 35 周年》专刊的刊头词叙述:带电作业是中华人民共和国成立后大搞技术革命、开展合理化建议运动的产物。鞍山电业局的合理化建议活动,到了 1954 年出现了高潮,在电业职工中开始了有领导、有步骤地研制带电作业工具的技术革新新时期。

随后中国带电作业历经 70 年的不断发展与进步,目前高压(110、220kV)、超高压(330、500、750kV)的交流输电线路带电作业,超高压(±400、±500、±660kV)直流输电线路带电作业已经常态化开展;特高压(1000kV)交流输电线路带电作业和特高压(±800、±1100kV)直流输电线路带电作业处于世界领先水平;变电站电气设备带电作业如带电断接引线、带电水冲洗等作业项目常态化开展;直升机带电作业和机器人带电作业推广应用;35kV 线路和 20kV 线路带电作业积极开展;10kV 配网不停电作业常态化开展;0.4kV 配网不停电作业有序推进积极开展中。中国的带电作业技术日臻成熟,已经成为不停电检修、安装、改造及测试的一个不可缺少的重要手段。

1.5　配网不停电作业技术发展

纵观配网"带电检修"到"不停电检修"作业方式的发展变迁,无论是从按电位分类的"地电位作业法、中间电位作业法和等电位作业法",发展到今天的"绝缘杆作业法、绝缘手套作业法和综合不停电作业法",还是从最初的"能停不带(能停电、不带电)"发展到向"能带不停(能带电、不停电)"检修作业方式的转变,以及从以 10kV 架空线路带电作业为主的"配网带电作业",发展到对配网架空线路和电缆线路综合利用"带电作业、旁路作业"等方式所进行的"配网不停电作业",以及基于配网施工检修作业也已经由"能带不停(能带电、不停电)"向"能转不停(能转供电、不停电)、能保不停(能保供电、不停电）"，以及"带电作业、旁路作业、发电作业"相结合的全面不停作业转变，这些都经历了一个漫长的探索和转变过程。

20 世纪 60 年代至 80 年代初，国内曾推广开展"配网带电作业"，但由于缺乏合适的人身安全防护用具及作业方式不规范，造成作业事故较多，导致部分地区停止了配网带电作业。重点发展时期应该是从 20 世纪 90 年代后期开始，由于社会及经济的发展对电网的可靠性要求越来越高，而提高城市配网供电可靠性、减少用户停电时间已成为供电企业的重点考核指标，特别是创一流供电企业的需要，安全地开展配网带电作业也就成为社会和经济发展以及供电企业发展的必然要求。

进入 21 世纪，配网"带电检修"作业方式，从"点—带电作业"发展到"面—旁路作业和临时供电作业"，从技术上已满足可以取消配网计划停电检修的要求。特别是随着电缆线路在城市配电网中所占的比重日益增高，开展电缆线路不停电作业已势在必行。

2012 年国家电网公司启动了"配网不停电作业推进工作"，提出了涵盖配网架空线路带电作业和电缆线路不停电作业的"配网不停电作业"概念，并明确指出"不停电作业"是提高配网"供电可靠性"的重要手段，同年，《10kV 电缆线路不停电作业技术导则》（Q/GDW 710—2012）发布与实施。

"不停电作业"的提出与推广，"旁路作业"的开展与应用，推动了中国配网检修作业方式从"带电作业"到"不停电作业"的转变。曾经在很长时间内，把"带电作业技术"上难以实现的工作留给停电作业去解决的做法，满足不了信息化社会对连续可靠供电的高需求和供电质量的高要求。"旁路作业技术"的发展与应用，无疑为"中国式带电作业"注入了新的理念和新的活力，将带电作业、旁路作业和临时供电作业相辅相成地有机结合起来，使"中国式带电作业"真正进入到不停电作业的新时代，配网不停电作业将成为中国主流的配网检修作业方式。

随后，多项新修订和新颁布的配网不停电作业标准相继发布与实施，如《10kV 配网不停电作业规范》（Q/GDW 10520—2016）、《配电线路旁路作业技术导则》（GB/T 34577—2017）、《配电线路带电作业技术导则》（GB/T 18857—2019 代替 GB/T 18857—2008）等，特别是《国家电网有限公司电力安全工作规程 第 8 部分：配电部分》（Q/GDW 10799.8—2023）、《电力安全工作规程 电力线路部分》（DL/T 409—2023 代替 DL 409—91）的颁布，为配网不停电作业的全面开展提供了技术支撑和安全作业保障，对供电可靠性和电能质量提出了更高的要求。

第2章 配网不停电作业方法

配网不停电作业方法包括带电作业方法、旁路作业方法、不停电作业方法、发电作业方法等。目前来说，多种方法有机结合全面开展配网不停电作业，已经得到广泛的推广与应用。

2.1 带电作业方法

2.1.1 带电作业的概念

依据《电工术语　带电作业》（GB/T 2900.55—2016）和《国际电工词汇—第651部分：现场作业》（IEC 60050-651：2014），带电作业的定义为：带电作业是指工作人员接触带电部分的作业，或工作人员身体的任一部分或使用的工具、装置、设备进入带电作业区域的作业。

1. 直接作业法

工作人员接触带电部分的作业称为直接作业法，包括输电线路带电作业采用的等电位作业法和配电线路带电作业采用的绝缘手套作业法。

2. 间接作业法

工作人员身体的任一部分或使用的工具、装置、设备进入带电作业区域的作业称为间接作业法，包括输电线路带电作业采用的地电位作业法、中间作业法和配电线路带电作业采用的绝缘杆作业法。

3. 带电作业区域

带电作业区域是带电部分周围的空间。降低电气风险的措施如下：

（1）仅限熟练的工作人员进入，从事带电作业工作的人员（包括工作票签发人、工作负责人、专责监护人、工作班成员）必须持有供电企业认可的配网不停电作业资格证书或者国家认可的高处作业、电工作业等特种作业人员证书方可上岗。

（2）在不同电位下保持适当的空气间距，空气间距是指从带电部分到带电区域的外边界，即带电作业安全距离（空气间隙），通常情况下，安全距离大于或等于在最大额定电压下的电气间距和人机操纵距离之和。

（3）带电作业工具、带电作业区域和特殊的防范措施，通过行业或企业的规程（国家、行业、企业等制定的制度标准）来确定。

4. 带电作业中电对人体的伤害

在带电作业区域内工作，电对人体产生的电流、静电感应、强电场和电弧的伤害，将直接危及作业人员的人身安全。

（1）电流的伤害是指人体串入电路产生的单相（接地）触电和相间（短路）触电的伤害。

人体的不同部位同时接触了有电位差（相对地之间或相与相之间）的带电体时，而产生的电流（包括阻性电流和容性电流）的伤害。如人体站在地面上，如果直接接触高于地电位的带电导线就会形成一个闭合回路，于是就会有一个电流流过人体，即"触电"。带电作业中人体触电的方式主要有单相触电（单相接地）或两相触电（相间短路）等。

1）单相触电（单相接地），是指人体接触到地面或其他接地导体的同时，人体另一部位触及某一相带电体所引起的电击。发生电击时，所触及的带电体为正常运行的带电体时，称为直接接触电击。

例如，在 10kV 线路上发生单相触电（接地），人体电阻为 1500Ω，流过人体的电流为：

$I_b = \dfrac{U_{N\varphi}}{R_b} = \dfrac{10000/\sqrt{3}}{1500} \approx 3.85$ （A），这个电流值足以致人死亡。而当用电设备发生事故，如绝缘损坏，造成设备外壳意外带电的情况，人体触及意外带电体所发生的电击称为间接接触电击。

2）两相触电（相间短路），是指人体的两个部位同时触及两相带电体所引起的电击。两相触电不论电网是否中性点接地，也不论人体与大地是否绝缘，触电的情形都一样。在此情况下，人体同时与两相导线接触时，人体所承受的电压为三相系统中的线电压，即电流将从一相导线通过人体流至另一相导体，这种危险情况非常大。这种电击情况下流过人体的电流完全取决于与电流流过途径相对应的人体电阻和电网的线电压。例如：在 10kV 线路上发生两相触电，人体电阻为 1500Ω，流过人体的电流为：$I_b = \dfrac{U_N}{R_b} = \dfrac{10000}{1500} = 6.67$（A），再如，以 380/220V 三相四线制为例，这时加于人体的电压为 380V，人体电阻按 1500Ω 计算，则流过人体内部的电流将达 253（mA），足以致人死亡。因此两相时触电流过人体电流要比单极接触时严重得多，危险性也大得多。

（2）强电场的伤害是指人在带电体附近工作时，尽管人体没有接触带电体，但人体仍然会由于空间电场的静电感应而对人的身体或精神上产生的风吹、针刺等不舒适之感，以及静电感应产生的暂态电击的伤害。

（3）电弧的伤害是指人体与带电体或接地体之间的空气间隙击穿放电对人体造成的伤害。

5. 带电作业中的安全防护

为了安全地开展带电作业工作，对进入带电作业区域的人员提供安全可靠的电流、强电场和电弧的防护，是安全地开展带电作业必须满足的先决条件。

（1）电流的防护，是指严格限制流经人体的稳态电流不超过人体的感知水平 1mA（1000μA）、暂态电击不超过人体的感知水平 0.1mJ。

试验表明：流经人体的电流只要低于某一个水平，人体不会感到有电流存在，即人体对电流有一定的耐受能力，对人体的感知水平是 1mA（1000μA）。

带电作业中的绝缘材料在内、外因素影响下，也会使通道流过一定的电流，习惯上把这种电流称之为泄漏电流。泄漏电流超标后也是一种对人体伤害比较严重的电流。尤其是经绝缘体表面通过的沿面电流。带电作业遇到的泄漏电流，主要是指沿绝缘工具（包括绝缘操作杆和承力工具）表面流过的电流。

带电作业中的工频电场中的电击可分为暂态电击与稳态电击两种：

1）暂态电击，是指在人体接触电场中对地绝缘的导体的瞬间，聚集在导体上的电荷以火花放电的形式通过人体对地突然放电。流过人体的电流是一种频率很高的电流，当电流超过某一值时，即对人体造成电击。暂态电击通常以火花放电的能量（mJ）来衡量其对人体危害性的程度，对人体的感知水平是 0.1mJ。

2）稳态电击，在等电位作业和间接带电作业中，由于人体对地有电容，人体也会受到稳态电容电流等的电击，电击对人体造成损伤的主要因素是流经人体电流的数值大小。

（2）强电场的防护，是指严格限制人体体表局部场强不超过人体的感知水平 240kV/m。

在电场中，人体开始产生风吹感的大小与电场的强弱有关。"吹风感"是电场引起气体游离和移动的一种现象。经测试证明：人体在良好的绝缘装置上，裸露的皮肤上开始感觉到有微风拂过时的电场强度大约为 240kV/m。若低于这个场强人体不会感到电场的存在。于是便将这一场强作为人体对电场感知的临界值。在强电场下要保证作业人员没有任何不舒服之感，就必须对人体进行强电场的防护，穿着屏蔽服进行带电作业。在配电线路带电作业中，电场防护可以不考虑（电场场强较低），重点是电流的防护（防止人体触电），以及保证不对人体放电的那段空气间隙（安全距离）要足够大等。

（3）电弧的防护，是指严格控制和保证可能导致对人体直接放电的那段空气间隙（安全距离）要足够大，不得小于规定的安全距离。

这里需要说明的是：绝缘工具置于空气之中以及人体与带电体之间充满着空气，在强电场的作用下，沿绝缘工具表面闪络放电或空气间隙击穿放电，也是造成人身弧光触电伤害的一条途径。为了防止电弧对人体的伤害，带电作业中必须严格控制和保证可能导致对人体直接放电的那段空气间隙（安全距离）要足够大，否则将形成放电回路（接地和相间短路）对人体同样会造成致命的伤害，即空气间隙击穿放电产生的电弧和电流的伤害（包括强电场下沿绝缘工具表面闪络放电）。

6. 带电作业中的电场、静电感应和电介质放电

（1）电场，是带电体（电荷）的周围空间存在着的一种特殊物质。只要有电荷，其周围就有电场，通过电磁感应就可能对人体或设备带电。不同的带电体周围有不同的电场，包括均匀电场与不均匀电场。在均匀电场中，各点的电场强度的大小和方向都相同。

（2）静电感应，当一个不带电的导体接近一个带电体时，靠近带电体的一侧，会感应出与带电体极性相反的电荷，而背离带电体的另一侧，则会感应出与带电体极性相同的电荷，这种现象称为静电感应。根据电学的基本原理可知：静电感应存在于静电场中。带电作业中的工频交流电场是一种变化缓慢的电场，可以视为是静电场。因此，带电作业人员在电场中工作时，因静电感应可能会遭受到电击。

1）人体对地绝缘时遭受的静电感应。如图 2-1（a）所示为人体对地绝缘时的工况。由于人体电阻较小，在强电场中人体可视为导体。当人体对地绝缘时，因静电感应使人体处于某一电位（也即在人体与地之间产生一定的感应电压）。此时，如果人体的暴露部位（例如人手）触及接地体时，人体上的感应电荷将通过接触点对接地体放电，通常把这个现象称为电击。当放电的能量达到一定数值时，就会使人产生刺痛感。穿绝缘鞋的作业人员攀登在线路杆塔窗口时就属于这种工况，由于离带电导线较近，人体上的感应电荷较多，如果用手触摸塔身时，手上就会产生放电刺痛感。

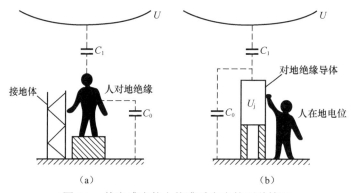

图 2-1　静电感应使人体遭受电击的两种情况

（a）人体对地绝缘；（b）人体处于地电位

2）人体处于地电位时遭受的静电感应。如图 2-1（b）所示为人体处于地电位时的工况。这种情况下，对地绝缘的金属物体在电场中因静电感应而积聚一定量的电荷，并使其处于某一电位。此时，如果处于地电位的作业人员用手去触摸金属体，金属体上积聚的电荷将会通过人体对地放电，当放电电流达到一定数值时，同样会使人遭受电击。因此，处于地电位的作业人员在带电作业时，要时刻注意不要触及对地绝缘的金属部件。

（3）空气电介质放电和沿面放电。气体这种电介质由绝缘状态突变为良导电状态的过程，称为空气击穿（或放电）。处于正常状态并隔绝各种外电离因素作用的空气是完全不导电的。通常空气中总有少量带电质点，如大气中就总存在少量的正、负离子（气体分子带电后称为离子，根据带正电或负电而相应称为正离子或负离子）。在电场作用下，这些带电质点沿电场力方向运动造成电导电流，所以空气通常并不是理想绝缘介质。由于带电质点极少，空气的电导极小，仍为优良的绝缘体。发生击穿的最低临界电压称为击穿电压。均匀电场中击穿电压与间隙距离之比称为击穿场强，它反映了气体、固体等绝缘介质耐受电场作用的能力。

（4）沿面放电是指沿着固体介质表面所进行的气体放电。如在带电作业中，带电作业工具和空气的交界面上出现放电现象就是沿面放电。沿面放电发展成贯穿性的空气击穿称为闪络。沿面放电是一种气体放电现象，沿面闪络电压比气体或固体单独存在时的击穿电压都低。带电作业中，作业人员周围环境就是一个空气绝缘的电场。为了保证作业人员的人身安全，必须严格控制和保证可能导致对人体直接放电的那段空气间隙（安全距离）要足够大，目的就是为了防止发生空气放电。影响空气放电的因素很多，例如电场的均匀程度（由电极形状和间隙距离决定）、间隙上所加电压的波形、湿度、温度等。

（5）固体电介质放电。在强电场作用下，固体电介质丧失电绝缘能力而由绝缘状态突变为良导电状态，称为固体电介质放电。发生击穿时的临界电压称为电介质的击穿电压，相应的电场强度称为电介质的击穿强度。与气体介质相比，固体电介质的击穿场强较高。需要注意的是：气体介质击穿表现为火花放电，外加电场一消失，气体会自恢复绝缘性能，即空气电介质是一种自恢复绝缘（破坏性放电后能完全恢复其绝缘性能的绝缘）；而固体电介质击穿是不可逆的，是不可自恢复原来的绝缘性能，将永久丧失绝缘性能，如常用的环氧玻璃纤维绝缘材料就是一种非自恢复绝缘（破坏性放电后即丧失或不能完全恢复其绝缘性能的绝缘）。这是由于固体电介质击穿后，通过介质的电流剧烈地增加有强大的电流通过，使固体电介质击穿后留下有不能恢复的痕迹，如烧焦或熔化的通道、裂缝等，即使去掉外施电压，也不会像气体电介质那样能自行恢复绝缘性能。

（6）固体电介质局部放电和不均匀电介质的击穿。在含有气体（如气隙或气泡）或液体（如油膜）的固体电介质中，当击穿强度较低的气体或液体中的局部电场强度达到其击穿场强时，这部分气体或液体开始放电，使电介质发生不贯穿电极的局部击穿，这就是局部放电现象。这种放电虽然不立即形成贯穿性通道，但长期的局部放电，使电介质的劣化损伤逐步扩大，导致整个电介质击穿。不均匀电介质击穿是指包括固体、液体或气体组合构成的绝缘结构中的一种击穿形式。与单一均匀材料的击穿不同，击穿往往是从耐电强度低的气体开始，表现为局部放电，然后或快或慢地随时间发展至固体介质劣化损伤逐步扩大，致使介质击穿。

7. 带电作业中的过电压

（1）过电压的概念。电力系统由于外部（如雷电放电）和内部（如故障跳闸或正常操作）的原因，会出现对绝缘有危害的持续时间较短的电压升高，这种电压升高（或电位差升高）称为过电压。由雷电活动引起的过电压称为外部过电压，包括直击雷过电压和感应雷过电压；而由电力系统内部操作和故障引起的过电压称为内部过电压，包括操作过电压和暂时过电压，其中暂时过电压又分为工频过电压和谐振过电压。过电压不仅对电力系统的正常运行造成威胁，而且对带电作业的安全也很重要。因此，在设备绝缘配合、带电作业安全距离选择、绝缘工具最短有效长度及绝缘工具电气试验标准中都必须考虑这一重要因素。

（2）带电作业中的作用电压。电气设备在运行中可能受到的作用电压有正常运行条件下的工频电压、暂时过电压（包括工频电压升高）、操作过电压与雷电过电压。由于带电作业不能在雷电天气时进行工作。因此，带电作业时不必考虑雷电过电压，但必须考虑正常运行条件下的工频电压、暂时过电压（包括工频电压升高）与操作过电压的作用。10kV配电线路带电作业考虑的系统最高过电压为44kV。

8. 带电作业中的绝缘类型

带电作业中除空气间隙为自恢复绝缘之外，一般带电作业绝缘工器具、装置和设备的绝缘均为非自恢复绝缘。这类绝缘外表面为空气，当火花放电发生在固体绝缘的沿面时，火花放电过后，绝缘能自动恢复，也就是说，发生在自恢复绝缘中的破坏性放电能自恢复。而发生在固体绝缘内部的放电，则为不可逆的绝缘击穿。

9. 带电作业常用的绝缘材料

在带电作业中，绝缘材料可以用来制作各类绝缘工具，常用的绝缘材料如下。

（1）绝缘层压制品，包括各种层压板、管、棒及有关层压件，如3240型环氧酚醛玻璃布板、3640型环氧酚醛玻璃布管和3840型环氧酚醛玻璃布棒等。

（2）新型绝缘材料，包括泡沫填充绝缘管、防潮绝缘绳、防潮绝缘毯、防潮绝缘服等。

（3）塑料，常用的有聚氯乙烯、聚乙烯、聚丙烯、尼龙1010、聚碳酸醋、有机玻璃和聚四氟乙烯等。

（4）绝缘绳索，包括天然纤维绝缘绳索和合成纤维绝缘绳索，以及常规型绝缘绳索和防潮型绝缘绳索等。

（5）硬质绝缘材料，主要有空心绝缘管、泡沫填充绝缘管、实心绝缘棒、异形绝缘管、玻璃纤维层压布板和硬质橡塑材料等。

（6）软质绝缘材料，主要有绝缘绳索、橡胶（包括合成橡胶）、软塑料等。

10. 带电作业的危险率和事故率

带电作业的安全性围绕带电作业的危险率、事故率和保护间隙三个角度展开。带电作业的事故率与带电作业的危险率是两个完全不同的概念，但两者又有紧密的联系，危险率大，事故率也必然高。

（1）危险率。在带电作业中，通常将带电作业间隙在每发生一次操作过电压时，该间隙发生放电的概率称为带电作业的危险率。目前，公认可接受的带电作业的危险率 $R_0=2.0\times10^{-5}$，意味着带电作业间隙每遇到一次系统操作过电压，就有十万分之一的放电可能性；即系统操作过电压在相同条件下连续出现十万次中，带电作业间隙有一次放电机会。

（2）事故率是指开展带电作业工作时，作业间隙因操作过电压而放电所造成事故的概率。危险率是无量纲的数值，而事故率则是每百公里线路在一年中发生事故的次数统计值，以"次/（100km·年）"为单位。事故率的大小取决于一年中进行带电作业的天数、系统操作过电压极性，以及作业间隙的危险率等因素。

11. 带电作业时的安全距离

带电作业时的安全距离是指为了保证作业人员人身安全，作业人员与不同电位的物体之间所应保持各种最小空气间隙距离的总称。在配电线路带电作业中，安全距离是根据系统最大内过电压（44kV）按绝缘配合惯用法来确定。依据《电力安全工作规程 电力线路部分》（DL/T 409—2023）《配电线路带电作业技术导则》（GB/T 18857—2019）《国家电网有限公司电力安全工作规程　第 8 部分：配电部分》（Q/GDW 10799.8—2023）《10kV 配网不停电作业规范》（Q/GDW 10520—2016），有如下规定。

（1）最小安全距离。①在配电线路上采用绝缘杆作业法时，人体与带电体的最小安全距离（不包括人体活动范围）应不小于 0.4m（10kV）；②斗臂车的臂上金属部分在仰起、回转运动中，与带电体间的最小安全距离应不小于 0.9m（10kV）；③带电升起、下落、左右移动导线等作业时，与被跨物间交叉、平行的最小安全距离应不小于 1.0m（10kV）；④在配电线路上采用绝缘手套作业法时，人体应对不同电位（接地体、带电体）保持不小于 0.4m（10kV）的安全距离，安全距离不足时，应采用绝缘遮蔽措施，绝缘遮蔽的重合长度应不小于 150mm（10kV）。

（2）最小有效绝缘长度。①绝缘承力工具的最小有效绝缘长度应不小于 0.4m（10kV）；②绝缘操作工具的最小有效绝缘长度应不小于 0.7m（10kV）。

（3）安全距离和绝缘长度修正。一般情况下，带电作业的安全距离和绝缘长度适用于海拔 1000m 及以下。当海拔在 1000m 以上时，应根据作业区不同海拔，修正各类空气与固体绝缘的安全距离和绝缘长度。

2.1.2　带电作业的方法

带电作业方法按照输（配）电线路可以分为输电线路带电作业方法、配电线路带电作业方法。其中，输电线路带电作业方法包括地电位作业法、中间电位作业法、等电位作业法；配电线路带电作业方法包括绝缘杆作业法、绝缘手套作业法，以及在带负荷作业项目中采用的绝缘引流、旁路作业法、桥接施工法等。

1. 地电位作业法、中间电位作业法和等电位作业法

按作业时人体所处的电位来划分，带电作业可分为地电位作业法、中间电位作业法和等电位作业法，如图 2-2 所示。DL/T 409—2023 的 13.2.1 条，明确规定了在海拔 1000m 及以下交流 10～1000kV、直流±500～±1100kV（750kV 为海拔 2000m 及以下）的电力线路上，采用等电位、中间电位和地电位方式进行的带电作业。

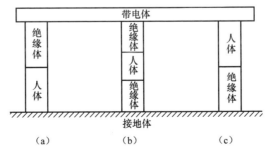

图 2-2　地电位作业法、中间电位作业法和等电位作业法
（a）地电位作业法；（b）中间电位作业法；（c）等电位作业法

（1）地电位作业法是指作业人员站在大地或杆塔上使用绝缘工具间接接触带电设备的作业方法，作业人员的人体电位为地电位。

地电位作业法如图 2-3 所示，作业时人体必须与带电体保持规定的最小安全距离 S_1（单间隙），人与带电体的关系是：带电体→绝缘体（绝缘工具+空气间隙）→人体→接地体（杆塔）。此时通过人体的电流有两个回路：①泄漏电流回路：带电体→绝缘体（绝缘工具）→人体→接地体（杆塔）；②电容电流回路：带电体→绝缘体（空气间隙）→人体→接地体（杆塔）。这两个回路的电流都经过人体流入大地（杆塔）。

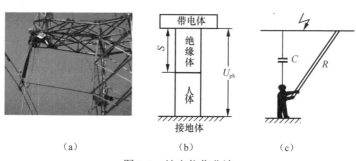

图 2-3　地电位作业法

（a）现场图；（b）位置图；（c）示意图

S—人体与带电体之间的最小安全距离；U_{ph}—相电压；C—人体对导线的电容；R—绝缘工具的电阻

（2）中间电位作业法，是指作业人员站在绝缘梯上或绝缘平台上，用绝缘杆进行作业的方法，即作业人员通过两部分绝缘体分别与接地体和带电体隔开，作业人员的人体电位为悬浮的中间电位。

中间电位作业法如图 2-4 所示，作业时人体处于接地体和带电体之间的某一悬浮电位，这两部分绝缘体仍然起着限制流经人体电流的作用；同时，作业人员还要依靠人体与接地体和带电体组成的组合间隙 S（两段空气间隙 S_1 与 S_2 的和）来防止带电体通过人体对接地体发生放电，人与带电体的关系为：带电体→绝缘体（绝缘工具+空气间隙）→人体→绝缘体（绝缘工具+空气间隙）→接地体（杆塔）。

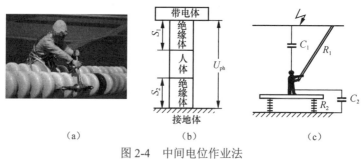

图 2-4　中间电位作业法

（a）现场图；（b）位置图；（c）示意图

S_1—人体与带电体之间的最小安全距离；S_2—人体与接地体之间的最小安全距离；U_{ph}—相电压；C_1—人体对导线的电容；C_2—人体对地（杆塔）的电容；R_1—绝缘杆的绝缘电阻；R_2—绝缘平台的绝缘电阻

（3）等电位作业法，是指作业人员通过各种绝缘工具对地绝缘后进入高压电场的作业方法，即人体通过绝缘体与接地体绝缘起来后，人体就能直接接触带电体进行作业，作业人员与带电体处于同一电位（等电位）。

等电位作业法如图 2-5 所示，作业时人体必须与接地体保持规定的最小安全距离 S（单间隙），人与带电体的关系为：带电体→人体→绝缘体（绝缘工具+空气间隙）→接地体（杆塔）。其中，绝缘工具仍然起着限制流经人体电流的作用；同时，人体在绝缘装置上还需对接地体保持一定的安全距离；带电体上及周围的空间电场强度十分强烈，等电位作业人员必须采用可靠的电场防护措施，使体表场强不超过人的感知水平，等电位作业的安全才能得到保证。

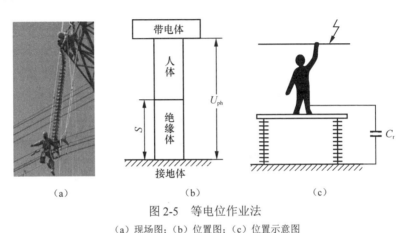

（a）　　　　　　　（b）　　　　　　　（c）

图 2-5　等电位作业法

（a）现场图；（b）位置图；（c）位置示意图

S—人体与接地体之间的最小安全距离；U_{ph}—相电压；C_r—人体对地的电容

2. 直接作业法和间接作业法

按作业人员与带电体的位置来划分，带电作业可分为间接作业法和直接作业法。

（1）间接作业法，是指作业人员不直接接触带电体，保持一定的安全距离，利用绝缘工具操作高压带电部件的作业。包括：输电线路带电作业中的地电位作业法、中间电位作业法，以及配电线路带电作业中的绝缘杆作业法。

（2）直接作业法，是指作业人员直接接触带电体进行的作业。包括：输电线路带电作业中的等电位作业法，以及配电线路带电作业中的绝缘手套作业法。

这里应当注意的是：输电线路带电作业中的等电位作业法（在国外也称为徒手作业），是指作业人员穿戴全套屏蔽防护用具，借助绝缘工具进入带电体，人体与带电设备处于同一电位的作业，它对防护用具的要求是越导电越好；而配电线路带电作业中的绝缘手套作业法，是作业人员穿戴绝缘防护用具直接对带电体进行的作业，虽然与带电体之间无间隙距离，但人体与带电体是通过绝缘用具隔离开来，人体与带电体不是同一电位（按电位来分是中间电位作业法），对防护用具的要求是越绝缘越好。

3. 绝缘杆作业法

绝缘杆作业法（也称为间接作业法），依据《配电线路带电作业技术导则》（GB/T 18857—

2019)（以下简称《配电导则》）第6.1条，有如下定义：

（1）绝缘杆作业法如图2-6所示，是指作业人员与带电体保持规定的安全距离，穿戴绝缘防护用具，通过绝缘杆进行作业的方式。

（2）作业过程中有可能引起不同电位设备之间发生短路或接地故障时，应对设备设置绝缘遮蔽。

（3）绝缘杆作业法既可在登杆作业中采用，也可在斗臂车的工作斗或其他绝缘平台上采用。

（4）绝缘杆作业法中，绝缘杆为相地之间主绝缘，绝缘防护用具为辅助绝缘。

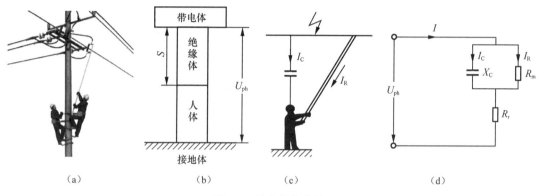

图2-6 绝缘杆作业法

（a）现场示意图；（b）位置图；（c）位置示意图；（d）等值电路图

S—人体与带电体之间的最小安全距离；U_{ph}—相电压；I—流过人体的总电流；I_C—电容电流；I_R—泄漏电流；X_C—人体与导线之间的容抗；R_r—人体电阻；R_m—绝缘杆和绝缘手套的电阻

额外需要说明的内容如下：

（1）配电线路带电作业方法（绝缘杆作业法和绝缘手套作业法）的形成过程：①2008年，《配电线路带电作业技术导则》（GB/T 18857—2008）发布，规定了10kV电压等级配电线路带电作业方式为绝缘杆作业法和绝缘手套作业法，区别于按作业人员电位的划分方法，严格禁止穿屏蔽服进行等电位作业；②2010年，随着配电带电作业技术的发展、带电作业用绝缘工器具和绝缘斗臂车的配备日臻完善，绝缘杆作业法和绝缘手套作业法在配电线路带电作业项目中正式被推广和应用；③2019年，《配电线路带电作业技术导则》（GB/T 18857—2019）发布（替代GB/T 18857—2008），再次明确：10kV电压等级配电线路带电作业的作业方式为"绝缘杆作业法"和"绝缘手套作业法"，带电作业人员正确穿戴个人绝缘防护用具，作业中保持足够的安全距离和设置有效的绝缘遮蔽（隔离）措施，是保证带电作业安全的重要技术措施。

【注】依据《中国南方电网有限责任公司电力安全工作规程 第3部分：配电部分》（Q/CSG 1205056.3—2022）第3.2.1条的规定：本规程适用于海拔4500m及以下地区10kV电压等级、海拔1000m及以下地区的20kV电压等级的高压配电网上，采用中间电位和地

电位方式进行的带电作业。20kV 及以下电压等级的电气设备上不应进行等电位作业。3、6kV 设备或线路的带电作业可参考本规程。

（2）绝缘杆作业法如图 2-6（b）、（c）所示，作业时人体必须与带电体保持规定的最小安全距离 S_1，人与带电体的关系是带电体→绝缘体（绝缘杆和绝缘手套+空气间隙）→人体→接地体（杆塔），此时通过人体的电流有两个回路：①泄漏电流回路 I_R：带电体→绝缘体（绝缘杆和绝缘手套）→人体→接地体（杆塔）；②电容电流回路 I_C：带电体→绝缘体（空气间隙）→人体→接地体（杆塔）。这两个回路电流都经过人体流入大地。

在图 2-6（d）所示的等值电路图中，由于人体电阻 R_r 远小于绝缘杆和绝缘手套（主绝缘和辅助绝缘）的绝缘电阻 R_m，人体电阻 R_r 也远远小于人体与导线之间的容抗 X_C。因此，在分析流入人体的电流时，人体电阻 R_r 可忽略不计。这时，流过人体的电流为绝缘杆、绝缘手套的泄漏电流和导体对人体的电容电流的相量和，即：$\dot{I} = \dot{I}_R + \dot{I}_C$。

带电作业所用的环氧树脂类绝缘材料的电阻率很高，如用 3640 型绝缘管材制作成工具后的绝缘电阻均在 $10^{10} \sim 10^{12} \Omega$ 以上。那么，在 10kV 相电压（$U_{ph} = \dfrac{U}{\sqrt{3}} = \dfrac{10 \times 10^3}{\sqrt{3}} = 5.77 \times 10^3 \, \text{V}$）下流过绝缘杆的泄漏电流为

$$I_R = \frac{U_{ph}}{R_m} = \frac{5.77 \times 10^3}{10^{10}} \approx 0.5 \ (\mu A)$$

在各电压等级设备上，当人体与带电体保持安全距离时，人与带电体之间的电容 C 约为 $2.2 \times 10^{-12} \sim 4.4 \times 10^{-12}$（F），其容抗为

$$X_C = \frac{1}{2\pi f C} = \frac{1}{2 \times 3.14 \times 50 \times 2.2 \times 10^{-12}} \sim \frac{1}{2 \times 3.14 \times 50 \times 4.4 \times 10^{-12}} \approx 0.72 \times 10^9 \sim 2.44 \times 10^9 \ (\Omega)$$

在相电压下流过人体的电容电流为

$$I_C = \frac{U_{ph}}{X_C} = \frac{5.77 \times 10^3}{1.44 \times 10^9} \approx 4 \ (\mu A)$$

由此可以看出，泄漏电流 I_R 和电容电流 I_C 都是微安级，其矢量和也是微安级，远远小于人体电流的感知值 1mA。因此，在 10kV 线路上采用绝缘杆进行间接带电作业时，只要人体与带电体保持足够的安全距离，绝缘杆满足其有效的绝缘长度，足以保证作业人员的安全。应当指出的是：绝缘工具的性能直接关系到作业人员的安全，如果绝缘工具表面脏污或者内外表面受潮，泄漏电流将会急剧增加。当增加到人体的感知电流以上时，就会出现麻电甚至触电事故。因此，使用时应保持工具表面干燥清洁，并妥善保管以防止受潮。

在 10kV 线路上进行绝缘杆作业法时，只要人体与带电体保持足够的安全距离（0.4m），绝缘工具满足其最小有效绝缘长度（0.7m），足以保证作业人员的安全。

绝缘杆作业法主要是通过绝缘工具来间接完成其预定的工作目标，基本的操作有支、拉、紧、吊等，它们的配合使用是其主要的作业手段。

（3）生产中绝缘杆作业法无论是在登杆作业中采用，还是"优先"在绝缘斗臂车的工作斗或其他绝缘平台上采用（俗称短杆作业），以图 2-6 为例，保证其作业安全的注意事项如下：

1）保持足够的人身与带电体的安全距离（空气间隙），此距离不包括人体活动范围。

依据《配电安规》（12.2.1）和《配电导则》（7.2.1）的规定：在配电线路上采用绝缘杆作业法时，人体与带电体的最小距离不应小于 0.4m，此距离不包括人体活动范围。

考虑到配电线路作业空间狭小以及作业人员活动范围对安全距离的潜在影响，作业人员的工位选择是否合适至关重要，在不影响作业的前提下，必须考虑人体与带电体的最小安全作业距离，确保人体远离带电体，以防止离带电导线过近以及作业中动作幅度过大造成的触电伤害风险。

2）保证绝缘工具的可靠绝缘性能。

有关"绝缘电阻"的现场检测，在《配电安规》并没有明确规定，但为了保证作业安全，应当遵照《电力安全工作规程 线路部分》（Q/GDW 1799.2—2013）（以下简称《线路安规》）第 13.2.2 条的规定：带电作业工具使用前，应使用 2500V 及以上绝缘电阻表或绝缘检测仪进行分段绝缘检测（电极宽 2cm，极间宽 2cm），阻值应不低于 700MΩ，以及 Q/GDW 10520—2016《10kV 配网不停电作业规范（以下简称作业规范）》中的相关要求：对绝缘防护用具、绝缘遮蔽用具、绝缘工具进行外观检查，对绝缘工具绝缘检测，绝缘电阻值不低于 700MΩ。

3）保证绝缘工具的有效绝缘长度。

《配电安规》（12.2.10）的规定：绝缘操作杆的最小有效绝缘长度不应小于 0.7m，绝缘承力工具、绝缘绳索的最小有效绝缘长度不得小于 0.4m。

4. 绝缘手套作业法

绝缘手套作业法（也称为直接作业法），依据《配电导则》（6.2）的定义：

（1）绝缘手套作业法是指作业人员使用绝缘斗臂车、绝缘梯、绝缘平台等绝缘承载工具与大地保持规定的安全距离，穿戴绝缘防护用具，与周围物体保持绝缘隔离，通过绝缘手套对带电体直接进行作业的方式，如图 2-7 所示。

（2）采用绝缘手套作业法时无论作业人员与接地体和相邻带电体的空气间隙是否满足规定的安全距离，作业前均应对人体可能触及范围内的带电体和接地体进行绝缘遮蔽。

（3）在作业范围窄小，电气设备布置密集处，为保证作业人员对相邻带电体或接地体的有效隔离，在适当位置还应装设绝缘隔板等限制作业人员的活动范围。

（4）在配电线路带电作业中，严禁作业人员穿戴屏蔽服装和导电手套，采用等电位方式进行作业。绝缘手套作业法不是等电位作业法。

（5）绝缘手套作业法中，绝缘承载工具为相对地主绝缘，空气间隙为相间主绝缘，绝缘遮蔽用具、绝缘防护用具为辅助绝缘。

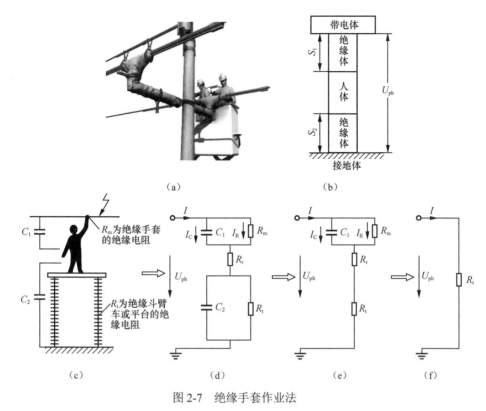

图 2-7　绝缘手套作业法

（a）现场图；（b）位置图；（c）示意图；（d）等值电路；（e）忽略 C_2 的等值电路；（f）忽略 C_1、R_r 的等值电路

S_1—人体与带电体之间的最小安全距离；S_2—人体与接地体之间的最小安全距离；U_{ph}—相电压；C_1—人体对导线的电容；
C_2—人体对地的电容；R_m—绝缘手套的绝缘电阻；R_t—绝缘斗臂车或绝缘平台的绝缘电阻；I—总电流；
I_C—流过电容 C_1 的电容电流；I_R—流过电阻 R_m 的电流

额外需要说明的内容如下：

（1）采用绝缘手套作业法时，人与带电体的关系为：带电体→绝缘体（绝缘手套）→人体→绝缘体（绝缘斗臂车或绝缘平台+空气间隙）→接地体（大地），如图 2-7（b）所示。作业人员在绝缘斗臂车的绝缘斗内或绝缘平台上通过绝缘手套"直接"接触带电体时，人体处在一悬浮电位，即"中间电位"。由于人体与带电体之间的空气间隙 S_1（绝缘手套的厚度）可以忽略不计。因此，作业时主要是依靠绝缘材料（绝缘手套）、人体与接地体之间的空气间隙 S_2 以及人体与邻相带电体之间的空气间隙，来防止带电体通过人体对接地体发生放电。依据《电力安全工作规程　电力线路部分》（DL/T 409—2023）第 8.3.3 条的规定：10kV 电压等级的配电线路带电作业的最小对地安全距离不得小于 0.4m，对邻相导线的距离应不小于 0.6m。

（2）在如图 2-7 所示等值电路图中，在实际在作业时人体对大地的电容可以忽略不计后，等值电路如图 11-7（e）所示；由于 X_{C_1} 及 R_r 远小于 R_t，也可忽略不计，等值电路简化为图 11-7（f）所示。由图可知，通过人体电流的大小主要取决于绝缘斗臂车或绝缘平台的绝缘电阻 R_t 的大小，即绝缘斗臂车或绝缘平台的绝缘性能，也就是说：作业人员使用绝缘斗臂车等绝缘承载工具是进行绝缘手套作业法作业的先决条件，对作业人员的安全担负着非常重要的主绝缘保护作用。

（3）应当指出的是，当作业人员在电杆上电气设备或线路元件附近作业时，应特别注意其触电回路，如横担→人体→带电体（导线），带电体（导线）→人体→邻相带电体（导线）等。在这些触电回路中，除了对接地体（如横担等）和带电体（如导线）进行绝缘遮蔽隔离外，人体对非接触的带电体（如导线）或接地体（如横担等）间还应保持一定的空气间隙。此时，绝缘斗臂车已起不到主绝缘保护的作用，空气间隙才是主绝缘保护。由于作业中空气间隙也不一定能保持固定，个人绝缘防护用具的使用显得尤为重要。对于已设置的绝缘遮蔽措施，作业中禁止人员长期接触，只能允许偶然的"擦过接触"，并且禁止接触绝缘遮蔽措施保护区以外的部分，如边沿部分。

（4）生产中绝缘手套作业法无论是在绝缘斗臂车上采用，还是在绝缘平台上采用，以图 2-7 为例，保证其作业安全的注意事项有：

1）依据《配电安规》（12.7）的规定：绝缘斗臂车的金属部分在仰起、回转运动中，与带电体间的安全距离不得小于 0.9m（10kV）；工作中车体应使用不小于 16mm² 的软铜线良好接地；绝缘臂的有效绝缘长度应大于 1.0m（10kV）；禁止绝缘斗超载工作以及绝缘斗臂车使用前应在预定位置空斗试操作一次；作业中绝缘斗以外的部件严禁触碰未遮蔽的带电体，吊臂和小吊绳也不得触碰未遮蔽的带电体，以免对斗内作业人员造成触电风险。

2）斗上作业人员使用个人绝缘防护用具至关重要，应专人专用、专项保管。绝缘手套使用前必须进行充（压）气检测，确认合格后方可使用。依据《配电安规》（12.2.7、12.2.14）的规定：带电作业，应穿戴绝缘防护用具（绝缘服或绝缘披肩或绝缘袖套、绝缘手套、绝缘鞋、绝缘安全帽等）。带电断、接引线作业应戴护目镜，使用的安全带应有良好的绝缘性能。带电作业过程中，不应摘下绝缘防护用具。针对"斗上双人带电作业，不应同时在不同相或不同电位作业"，应在工作票和指导书（卡）或施工方案中明确规定：斗上主电工（主操作电工）、辅助电工（副操作电工）。

3）带电作业中的安全距离受人为因素的影响是一个不可控的规定值，并非如电气安全距离维持某一固定不变的值。为了防止因作业位置过近人体串入电路的触电风险（单相接地或相间短路），以及安全距离不足对人体造成的弧光触电伤害，作业人员在工位的选择上，在不影响作业的前提下，应该是远离接地体、带电体而作业。

4）绝缘手套作业法属于直接作业法，直接作业不等同于无保护的作业，考虑到配电线路作业空间狭小，必须重视多层后备绝缘防护。依据《配电安规》第 12.2.8 条和第 12.2.9 条的规定：对作业中可能触及的其他带电体及无法满足安全距离的接地体（导线支承件、金属紧固件、横 担、拉线等）应采取绝缘遮蔽措施；作业区域带电体、绝缘子等应采取相间、相对地的绝缘隔离（遮蔽）措施。不应同时接触两个非连通的带电体或同时接触带电体与接地体。也就是说：作业时，不仅要求作业人员穿戴着绝缘防护用具对人体进行安全防护外，而且还要求对作业范围内可能触及的带电体、接地体等采取相对地、相与相之间的绝缘遮蔽（隔离）措施，依据《配电导则》（6.2.2）的规定：无论作业人员与接地体和相邻带电体的空气间隙是否满足规定的安全距离，作业前均需对人体可能触及范围内的带电体和接地体进行绝缘遮蔽，绝缘隔离措施的范围应比作业人员活动范围增加 0.4m 以上（见《线路安规》13.10.2），确保作业安全有保障、万无一失，多层后备绝缘防护缺一不可。

5）依据《线路安规》第 13.10.2 条和《电力安全工作规程 电力线路部分》（DL/T 409—2023）第 13.2.8 条的规定：作业时，作业区域带电导线、绝缘子等应采取相间、相对地的绝缘隔离措施。绝缘隔离措施的范围应比作业人员活动范围增加 0.4m 以上。实施绝缘隔离措施时，应按先近后远、先下后上的顺序进行，拆除时顺序相反。装、拆绝缘隔离措施时应逐相进行。禁止同时拆除带电导线和地电位的绝缘隔离措施；禁止同时接触两个非连通的带电导体或带电导体与接地导体。

6）依据《配电导则》第 9.14 条的规定：对带电体设置绝缘遮蔽时，应按照从近到远的原则，从离身体最近的带电体依次设置；对上下多回分布的带电导线设置遮蔽用具时，应按照从下到上的原则，从下层导线开始依次向上层设置；对导线、绝缘子、横担的设置次序是按照从带电体到接地体的原则，先放导线遮蔽用具，再放绝缘子遮蔽用具、然后对横担进行遮蔽，遮蔽用具之间的接合处的重合长度应不小于导则表 12 中的规定（10kV，海拔 $H \leqslant 3000m$，重合长度 150mm），如果重合部分长度无法满足要求，应使用其他遮蔽用具遮蔽结合处，使其重合长度满足要求。

7）依据《配电导则》第 9.15 条的规定：如遮蔽罩有脱落的可能时，应采用绝缘夹或绝缘绳绑扎，以防脱落。作业位置周围如有接地拉线和低压线等设施，也应使用绝缘挡板、绝缘毯、遮蔽罩等对周边物体进行绝缘隔离。另外，无论导线是裸导线还是绝缘导线，在作业中均应进行绝缘遮蔽。对绝缘子等设备进行遮蔽时，应避免"人为"短接绝缘子片。

8）依据《配电导则》第 9.16 条的规定：拆除遮蔽用具应从带电体下方（绝缘杆作业法）或者侧方（绝缘手套作业法）拆除绝缘遮蔽用具，拆除顺序与设置遮蔽相反；应按照从远到近的原则，即从离作业人员最远的开始依次向近处拆除；如是拆除上下多回路的绝缘遮蔽用具，应按照从上到下的原则，从上层开始依次向下顺序拆除；对于导线、绝缘子、横担的遮蔽拆除，应按照先接地体后带电体的原则，先拆横担遮蔽用具（绝缘垫、绝缘毯、遮蔽罩）、再拆绝缘子遮蔽用具、然后拆导线遮蔽用具。在拆除绝缘遮蔽用具时应注意不使被遮蔽体受到显著振动，要尽可能轻地拆除。

5. 绝缘引流法

绝缘引流线法是生产中带负荷作业项目早期使用的一种作业方法，如图 2-8 所示，是指绝缘引流线逐相搭接导线而构成的旁路回路进行负荷转移的作业，特点是"绝缘引流线"构建旁路回路，"逐相短接、逐相分流"实现负荷转移。其中，绝缘引流线，是由挂接导线用的引流线夹和螺旋式紧固手柄以及起着载流导体作用的载流引线所组成，适合于带负荷更换隔离开关、熔断器、导线非承力线夹等作业。但在用于带负荷更换"柱上开关"作业时，开关的跳闸回路不锁死，严禁短接开关。原因是：采用绝缘引流线法"逐相短接"时，

"逐相短接"就是"逐相分流"的开始,先短接的引流线要先分流二分之一左右的线路电流,三相电流不平衡,就必然存在着"短接"瞬间"开关跳闸",而"带负荷"接入绝缘引流线的隐患。

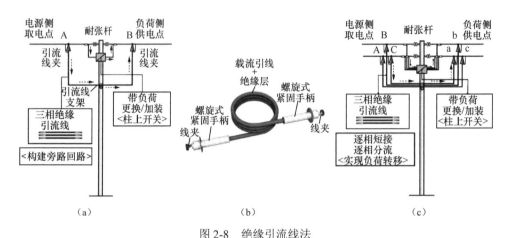

图 2-8　绝缘引流线法

(a) 绝缘引流线接入示意图;(b) 绝缘引流线外形图;(c)"逐相短接、分流"示意图

带电作业用消弧开关和配套使用的绝缘引流线(跨接线)如图 2-9 所示,绝缘引流线作为带电作业用"消弧开关"的配套"跨接线"使用。带电作业用消弧开关,是指用于带电作业的,具有开合空载架空或电缆线路电容电流功能和一定灭弧能力的开关;是带电断、接空载电缆线路引线作业项目使用的主要工具。在使用消弧开关断、接空载电缆连接引线时,需配套使用绝缘引流线作为跨接线。使用时先将消弧开关挂接在架空线路上,绝缘引流线一端线夹挂接在消弧开关的导电杆上,另一端线夹固定在空载电缆引线上或支柱型避雷器的验电接地杆上。

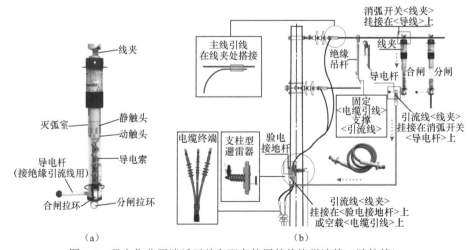

图 2-9　带电作业用消弧开关和配套使用的绝缘引流线(跨接线)

(a) 消弧开关(合闸)外形图;(b) 消弧开关+绝缘引流线(跨接线)应用示意图

6. 旁路作业法

旁路作业法（俗称小旁路作业法）是目前生产中带负荷作业项目常用的一种作业方法，如图 2-10 所示，是指通过旁路负荷开关、电杆两侧的旁路引下电缆和余缆支架组成的"旁路回路"进行负荷转移作业，特点是"旁路引下电缆+旁路负荷开关"构建旁路回路，"逐相接入、合上开关、同时分流"实现负荷转移，如图 2-11 所示。

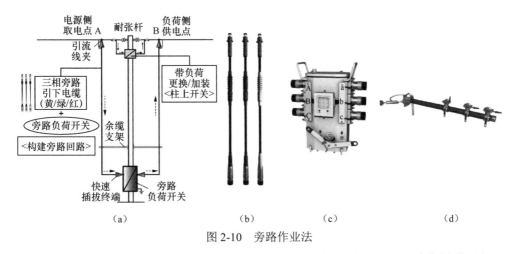

图 2-10 旁路作业法

（a）旁路作业法组成示意图；（b）旁路引下电缆外形图；（c）旁路负荷开关外形图；（d）余缆支架外形图

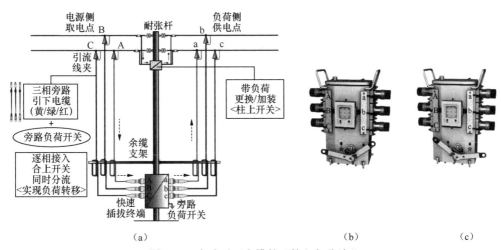

图 2-11 旁路引下电缆的"接入与分流"

（a）"逐相接入、合上开关、同时分流"示意图；（b）合上开关，分流开始；（c）断开开关，分流结束

这里需要对"旁路引下电缆的起吊与挂接（见图 2-12）"说明如下：

（1）旁路引下电缆是由导体、内半导电层、绝缘层、外半导电层、屏蔽层和保护层所组成，使用中的旁路引下电缆的屏蔽层必须通过旁路负荷开关可靠接地。旁路负荷开关不接地、分闸不闭锁及柱上开关跳闸回路不闭锁，严禁起吊和挂接旁路引下电缆。

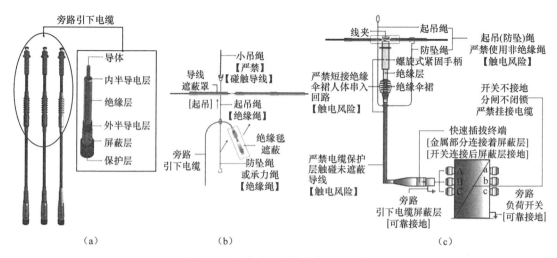

图 2-12 旁路引下电缆的起吊与挂接

（a）旁路引下电缆构造图；（b）旁路引下电缆的起吊示意图；（c）旁路引下电缆的挂接示意图

（2）旁路引下电缆起吊前，应事先用绝缘毯将与引流线夹遮蔽好，并在其合适位置系上长度适宜的起吊绳和防坠绳；拆除后的引流线夹及时用绝缘毯遮蔽好后再下落。

（3）起吊（防坠）绳必须是绝缘绳，有效绝缘长度不得小于 0.4m，严禁使用非绝缘绳。

（4）旁路引下电缆在起吊过程中，严禁触碰未遮蔽的导线。

（5）挂接旁路引下电缆时，严禁短接绝缘伞裙（直接握住绝缘伞裙或双手同时握住绝缘伞裙的上下），引发人体串入回路的触电风险。

7. 桥接施工法

桥接施工法是《作业规范》推荐的一种带负荷作业项目作业方法，如图 2-13 所示，桥接施工法是指先通过旁路负荷开关、电杆两侧的旁路引下电缆和余缆支架组成的旁路回路进行负荷转移之后，通过桥接工具"硬质绝缘紧线器"等开断主导线，实现按照停电检修作业方式更换柱上开关，待作业完成后再用液压接续管或专用快速接头接续主导线的作业，特点是：

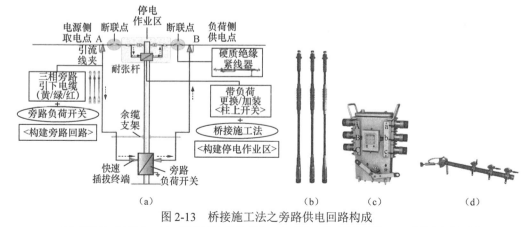

图 2-13 桥接施工法之旁路供电回路构成

（a）桥接施工法组成；（b）旁路引下电缆外形图；（c）旁路负荷开关外形图；（d）余缆支架外形图

（1）"旁路引下电缆+旁路负荷开关"构建旁路回路，通过逐相接入、合上开关、同时分流实现负荷转移，桥接施工法之旁路引下电缆的接入与分流如图2-14所示。

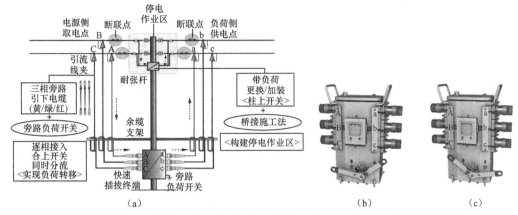

图2-14 桥接施工法之旁路引下电缆的接入与分流

（a）"逐相接入、合上开关、同时分流"示意图；（b）合上开关，分流开始；（c）断开开关，分流结束

（2）通过桥接工具开断主导线构建"停电作业区"，转带电作业方式为停电检修作业方式，对导线开断、接续工艺质量要求高，桥接施工法中的桥接工具如图2-15所示。

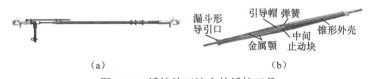

图2-15 桥接施工法中的桥接工具

（a）硬质绝缘紧线器外形图；（b）专用快速接头构造图

这里需要说明的是：

（1）桥接施工法不仅适用于带负荷更换或加装柱上开关类的作业（俗称小旁路），还可以用在旁路作业检修架空线路的作业中（俗称大旁路），如图2-16所示。

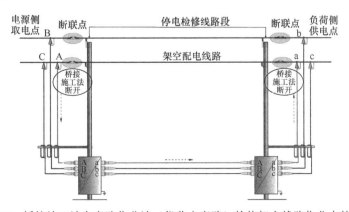

图2-16 桥接施工法在旁路作业法（俗称大旁路）检修架空线路作业中的应用

（2）生产中通常所说的"小旁路"，指的是使用旁路设备构成的"旁路回路"，采用的是带电作业方式来完成。如图2-17所示，"小旁路"构成的特征是"一点一线"：①一点，指的是一个"旁路负荷开关"，相当于并联一个"柱上开关"；②一线，指的是连接导线和旁路负荷开关的"旁路引下电缆"。

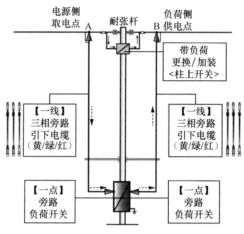

图2-17 小旁路"一点一线"构成示意图

（3）生产中所说的"大旁路"，指的也是使用旁路设备构成的"旁路回路"，如图2-18所示，与"小旁路"不同之处：

1）"小旁路"是按照带电作业的技术要求来完成。

2）"大旁路"作业中，旁路回路的接入和退出是按照旁路作业的技术要求来完成。

3）"大旁路"构成的特征是"二点一线"：①二点，指的是二个开关（可以是旁路负荷开关，也可以是移动箱变车上的高压进线开关或欧式环网箱上的备用间隔开关等），分别构成取电开关和供电开关，分隔着带电侧和无电侧；②一线，指的是连接取电开关和供电开关之间的旁路柔性电缆。

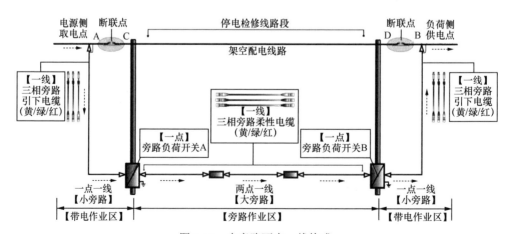

图2-18 大旁路两点一线构成

2.2　旁路作业方法

2.2.1　旁路作业的概念

2006 年，国内开始开展"旁路作业技术"的研究与应用。据记载：应该是 2006 年前后一段时期，国内一些科研机构和先行单位开始探索、研究并实施"旁路作业"在 10kV 架空配电线路中的应用，而在 10kV 电缆线路中的应用还处于探索和发展阶段。

2009 年，《10kV 旁路作业设备技术条件》（Q/GDW 249—2009）发布，首次以标准的形式提出了"旁路作业"的概念。

2010 年，《10kV 架空配电线路带电作业管理规范》（Q/GDW 520—2010）的发布，提出了"综合不停电作业法"和"旁路作业"的概念。

2011 年，国家电网有限公司确定了将"旁路作业"拓展延伸到电缆线路，逐步实现检修电缆线路、环网箱等工作的不停电作业，发布了《10kV 电缆线路不停电作业技术导则》（Q/GDW 710—2012）。

2016 年，《10kV 配网不停电作业规范》（Q/GDW 10520—2016）发布与实施（代替 Q/GDW 520—2010），明确了"旁路作业"在 10kV 配网架空线路和电缆线路中的应用项目，如旁路作业检修架空线路、电缆线路和环网箱等。

2017 年，随着《配电线路旁路作业技术导则》（GB/T 34577—2017）的发布与实施，以及涉及旁路作业和旁路设备的多项技术标准发布与实施，为旁路作业在 10kV 架空线路和电缆线路中的规范开展提供了技术支撑和保障。

依据《配电线路旁路作业技术导则》（GB/T 34577—2017）第 3.1 条，旁路作业的定义：通过旁路设备的接入，将配电网中的负荷转移至旁路系统，实现待检修设备停电检修的作业方式。

如图 2-19 所示，在旁路作业检修架空线路作业项目中，实现线路负荷转移的"旁路电缆供电回路"就是：由"三相旁路引下电缆、旁路负荷开关、三相旁路柔性电缆和电气连接用的引流线夹、快速插拔终端、快速插拔接头"所组成，而图中的"断联点"是指采用"桥接施工法"实现线路的"断开点"（停电检修）与"联接点"（线路供电），简称"断联点"。

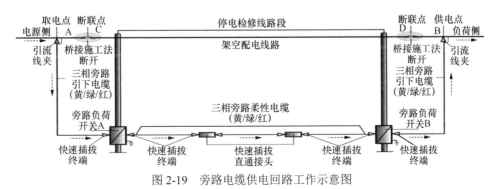

图 2-19　旁路电缆供电回路工作示意图

2.2.2 旁路作业的方法

生产中，供电部门做到对用户不停电、不减供负荷，对管辖的线路和设备进行检修作业时，通常采用旁路作业法和临时供电法实现这一要求。无论是旁路作业法还是临时供电作业法，都是通过构建旁路电缆供电回路，实现线路和设备中的负荷转移，从而完成停电检修工作和保供电工作。

1. 转供电作业法

生产中，转供电作业法（即旁路作业）用在停电检修工作中，包含取电、送电、供电三个环节。根据取电点不同旁路作业法项目分为两类：一类是电缆线路和环网箱的停电检修（更换）工作，采用旁路作业方式来完成；另一类是架空线路和柱上变压器的停电检修（更换）工作，需要采用带电作业+旁路作业方式协同来完成，例如，在如图 2-20 所示的停电检修架空线路的旁路作业中，实现线路负荷转移（停电检修）工作，既包含了带电作业工作，又包含了如下旁路作业工作。

（1）在旁路负荷开关处，旁路作业来完成旁路电缆回路的接入工作，以及旁路引下电缆的接入工作。

（2）在取电点和供电点处，带电作业来完成旁路引下电缆的连接工作。

（3）在旁路负荷开关处，倒闸操作来完成旁路电缆回路送电和供电工作，即负荷转移工作。

（4）在断联点处，带电作业（桥接施工法）完成待检修线路的停运工作。

（5）线路负荷转移后，即可按照停电检修作业方式完成线路检修工作。

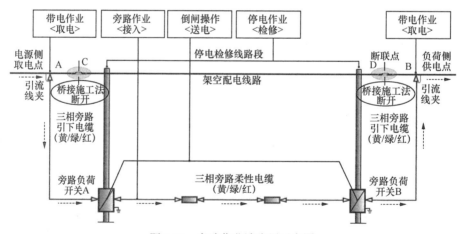

图 2-20 旁路作业法应用示意图

2. 临时供电作业法

生产中，临时供电作业法（包括移动电源供电作业法，如图 2-22、图 2-23 所示）用在保供电工作中，同样包含取电、送电、供电三个环节。例如，在图 2-21 所示的从架空线路临时取电（带电作业）给移动箱变供电（旁路作业）的作业中，以及如图 2-22、图 2-23 所示的从中压（10kV）发电车取电（旁路作业）给架空线路供电（带电作业）、从低压（0.4kV）发电车取电（0.4kV 不停电作业）给低压用户供电的作业中，实现线路负荷转移（保供电）工作，既包含了带电作业工作，又包含了如下旁路作业工作。

（1）在旁路负荷开关和移动箱变处，旁路作业来完成旁路电缆回路的接入工作，以及低压旁路引下电缆的接入工作。

（2）在取电点处，带电作业来完成旁路引下电缆的连接工作。

（3）在旁路负荷开关和移动箱变处，倒闸操作来完成旁路电缆回路送电和供电工作，即负荷转移（保供电）工作。

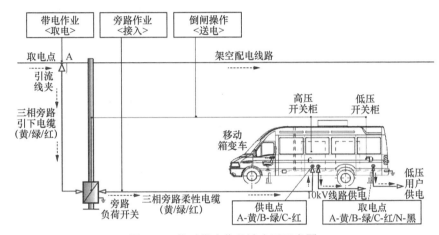

图 2-21 临时供电作业法应用示意图

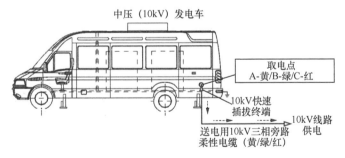

图 2-22 从中压（10kV）发电车取电（旁路作业）给架空线路供电（带电作业）应用示意图

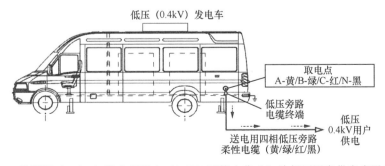

图 2-23 从低压（0.4kV）发电车取电（0.4kV 不停电作业）给低压用户供电应用示意图

2.3　不停电作业方法

2.3.1　不停电作业的概念

为全面提升获得电力服务水平，持续优化用电营商环境，不停电工作必须贯穿于配电网规划设计、基建施工、运维检修、用户业扩的全过程。依据《配电网技术导则》（Q/GDW 10370—2016）第 5.12.1、5.12.2 条的规定：配电线路检修维护、用户接入（退出）、改造施工等工作，以不中断用户供电为目标，按照能带电、不停电，更简单、更安全的原则，优先考虑采取不停电作业方式。配电工程方案编制、设计、设备选型等环节，应考虑不停电作业的要求。

2012 年，国家电网公司启动了配网不停电作业推进工作，并在其下发的《关于印发深入推进配网不停电作业工作意见的通知》中，提出了涵盖配网架空线路带电作业和电缆线路不停电作业的配网不停电作业概念，并明确指出不停电作业是提高配网供电可靠性的重要手段。

依据《作业规范》第 3.1 条，不停电作业的定义：以实现用户的不停电或短时停电为目的，采用多种方式对设备进行检修的作业。

不停电作业的提出与推广，旁路作业以及发电作业的开展与应用，推动了中国配电网检修作业方式从带电作业到不停电作业的转变。当年提出不停电检修是指线路设备不停电的带电作业，它是从电力设备带电运行状态定义检修工作。现在提出不停电作业则是从实现用户不停电的角度定义电力设备的检修工作，多种方式（带电作业不停电、旁路作业转供电、发电作业保供电）相结合的不停电作业的总称。

随着《国家电网有限公司电力安全工作规程　配电部分》的发布与执行，以及后续一系列涉及配网不停电作业的制度标准相继发布与实施，特别是《10kV 配网不停电作业规范》（Q/GDW 10520—2016）、《配电线路旁路作业技术导则》（GB/T 34577—2017）、《配电线路带电作业技术导则》（GB/T 18857—2019）、《国家电网有限公司电力安全工作规程　第 8 部分：配电部分》（Q/GDW 10799.8—2023）的发布与实施，为安全、规范、高效地开展配网不停电作业工作提供了技术支撑和保障。

2.3.2　不停电作业的方法

依据《作业规范》第 6.1 条，不停电作业方式分为绝缘杆作业法、绝缘手套作业法和综合不停电作业法。

1. 绝缘杆作业法

在配电网不停电作业方法中，绝缘杆作业法就是架空配电线路中的带电作业方法，依据《带电作业工具设备术语》（GB/T 14286—2021）第 2.2.2.4 条的定义：绝缘杆作业法，是指作业人员与带电体保持一定的距离，用绝缘工具进行的作业，如图2-24所示。

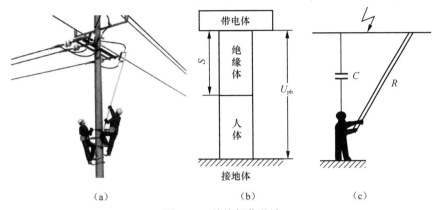

图 2-24 绝缘杆作业法

（a）现场图（b）位置图（c）示意图

S—人体与带电体之间的最小安全距离；U_{ph}—相电压；C—人体对导线的电容；R—绝缘工具的电阻

2. 绝缘手套作业法

在配电网不停电作业方法中，绝缘手套作业法也是架空配电线路中的带电作业方法，依据《带电作业工具设备术语》（GB/T 14286—2021）第 2.2.2.5 条，绝缘手套作业法的定义：作业人员通过绝缘手套并与周围不同电位适当隔离保护的直接接触带电体所进行的作业，如图2-25所示。

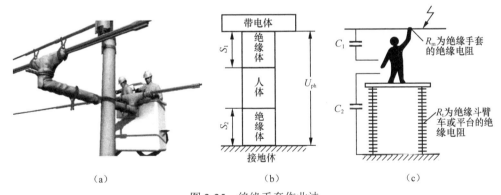

图 2-25 绝缘手套作业法

（a）现场图（b）位置图（c）示意图

S_1—人体与带电体之间的最小安全距离；S_2—人体与接地体之间的最小安全距离；U_{ph}—相电压；C_1—人体对导线的电容；C_2—人体对地的电容；R_m—绝缘手套的绝缘电阻；R_t—绝缘斗臂车或绝缘平台的绝缘电阻

3. 综合不停电作业法

绝缘杆作业法和绝缘手套作业法是指架空配电线路中的带电作业方式；综合不停电作业法则是带电作业、旁路作业、发电作业等多种方式相结合的作业，如图2-26～图2-29所示。

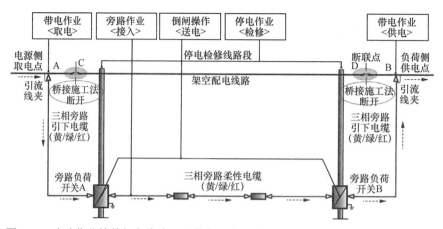

图 2-26 旁路作业检修架空线路（取供电：带电作业；送电：旁路作业）应用示意图

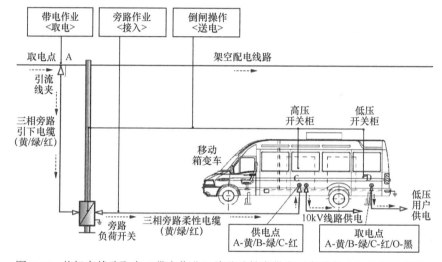

图 2-27 从架空线路取电（带电作业）给移动箱变供电（旁路作业）应用示意图

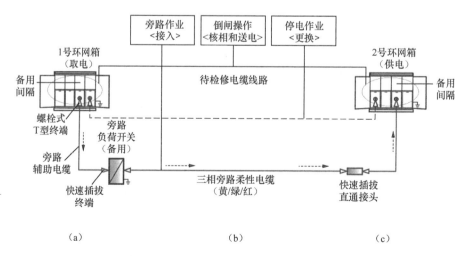

（a）　　　　　　　　　（b）　　　　　　　　　（c）

图 2-28 旁路作业检修电缆线路应用示意图

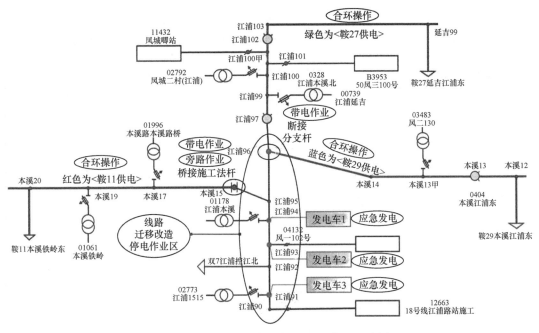

图 2-29　多种方式结合下的不停电作业示意图

图 2-29 摘自《绝缘短杆作业法在不停电作业中的应用探索》(国网上海市电力公司张杰),其中:①<合环操作>:合上江浦 102 号杆杆刀 (0205 江浦延吉南),拉开江浦 97 号杆杆刀 (0328 江浦本溪北),使江浦 99 号杆至江浦 102 号杆线路上的负荷转移到鞍 27 线路上;②<合环操作>:合上本溪 13 号杆杆刀 (0404 本溪江浦东);③<带电作业>:拆开江浦 96 号杆支接,使江浦 96 号杆至本溪 13 号杆线路上的负荷转移至鞍 29 线路上;④<带电作业> + <旁路作业>:在本溪 15 号杆安装旁路开关,对西侧 10kV 导线进行桥接施工法开断导线作业,将本溪 15 号杆至本溪 21 号杆线路上的负荷全部转移至鞍 11 线路上;⑤<应急发电>:江浦 91 号杆、江浦 93 号杆、江浦 94 号杆三个用户点以应急发电车的形式对用户进行供电;⑥<停电作业>:站内拉开双 7 江浦控江北开关,使江浦 90 号杆至江浦 97 号杆线路停电,停电完成新江浦 95 号杆至本溪 15 号杆、新江浦 95 号杆至江浦 96 号杆新放导线等工作。

2.4　微网发电作业方法

2.4.1　微网发电作业的概念

微网发电作业主要由中压发电车、低压发电车、移动箱变车等装备所组成,如图 2-30 所示。其中:①中压发电车(带支)用于提供 10kV 中压电源的专用车辆,具备单台运行供电、多台并机运行供电等模式;②低压发电车(带户)用于提供 0.4kV 低压电源的专用车辆;③移动箱变车(带变)实现临时供电(高压系统向低压系统输送电能)的专用车辆。

（a） （b） （c）

图 2-30　微网发电作业主要装备

（a）中压发电车（带支）；（b）低压发电车（带户）；（c）移动箱变车（带变）

依据《"微网"发电作业通用运行规程》（Q/GDW06 10027—2020）（3）中的定义：

（1）微电网（微网），是指由分布式电源、储能装置、能量转换装置、负荷、监控和保护装置等组成的小型发配电系统。

（2）微网发电组网，是指针对现有 10kV 配电线路和设备，利用发电作业装备提供电源，组成临时小型独立电网系统，为指定范围内用户供电。

（3）中压发电车，是指装有电源装置的专用车，可装配柴油发电机组、燃气发电机组，输出电压为 10（20）kV，可用于中压线路停电区段的短时供电。

（4）低压发电车，是指装有电源装置的专用车，可装配电瓶组、柴油发电机组、燃气发电机组，输出电压为 0.4kV，可用于停电台区的短时供电。

（5）移动箱变车，是指配备高压开关设备、配电变压器和低压配电装置，实现临时供电（高压系统向低压系统输送电能）的专用车辆。

（6）中压发电车单机发电作业，是指利用单台中压发电车，通过停电或带电接入的方式对指定区域的中压负荷进行临时供电。

（7）中压发电车并机发电作业，是指利用多台中压发电车，通过停电或带电接入的方式对指定区域的中压负荷进行临时供电。

（8）中低压发电车协同发电作业，是指利用中压发电车、低压发电车协同作业方式对大范围、多区域的中、低压负荷进行临时供电。

（9）中压发电车与移动箱变车协同发电作业，指利用中压发电车、移动箱变车协同作业方式对大范围、多区域的中、低压负荷进行临时供电。

2.4.2　微网发电作业的方法

微网发电作业严格意义上来讲，应该属于"综合不停电作业法"的范畴，依据 Q/GDW 06 10027—2020《"微网"发电作业通用运行规程》（4）的规定，微网发电作业的方法主要是采用带电作业和停电作业来完成发电作业的工作，包括：

（1）中压发电车单机停电接入发电作业。

（2）中压发电车单机带电接入发电作业。

（3）中压发电车并机停电接入发电作业。

（4）中压发电车并机带电接入发电作业。

（5）中低压发电车协同停电接入发电作业。

（6）中低压发电车协同带电接入发电作业。

（7）中压发电车与移动箱变车协同停电接入发电作业。

（8）中压发电车与移动箱变车协同带电接入发电作业。

第3章　配网不停电作业人员

配网不停电作业人员包括工作票签发人、工作负责人（监护人）、工作许可人、专责监护人和工作班成员等，如图 3-1 所示。其中，工作班成员包括带电作业人员、旁路作业人员、发电作业人员、停电作业人员、运行操作人员、地面辅助人员等。多专业协同、多人员协作才能全面开展不停电作业工作。其中，依据《10kV 配网不停电作业规范》（Q/GDW 10520—2016）（以下简称《作业规范》）附录 A 作业，有如下规定。

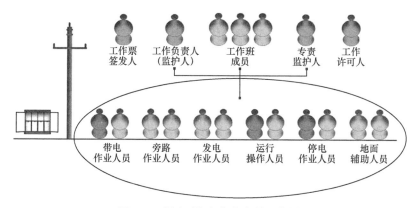

图 3-1　配网不停电作业人员示意图

（1）第一、二类带电作业项目，推荐作业人员为 4（人·次），如图 3-2 所示，包括工作负责人（监护人）1 人，杆上或斗内（平台上）电工 2 人（即主操作电工、副操作电工），地面电工 1 人。

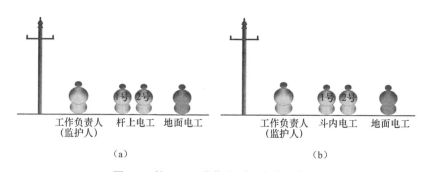

图 3-2　第一、二类作业项目人员示意图

（a）第一类带电作业项目；（b）第二类带电作业项目

（2）第三类带电作业项目，推荐作业人员为 8（人·次），如图 3-3 所示，包括工作负责人（监护人）1 人，专责监护人 1 人，杆上或斗内（平台上）电工 4 人（即主操作电工

2 人、副操作电工 2 人），地面电工 2 人。

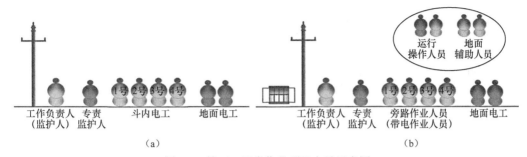

图 3-3　第三、四类作业项目人员示意图

（a）第三类带电作业项目；（b）第四类旁路作业项目

（3）第四类旁路作业项目，推荐作业人员为 8（人·次），如图 3-3 所示，包括工作负责人（监护人）1 人，专责监护人 1 人，旁路作业人员（含带电作业人员）4 人（即主操作电工 2 人、副操作电工 2 人），地面电工 2 人，运行操作人员和地面辅助人员另外配置。

3.1　人员任职要求

3.1.1　基本要求

（1）持证上岗、恪尽职守是开展配网不停电作业工作的第一步。依据《国家电网有限公司电力安全工作规程　第 8 部分：配电部分》（Q/GDW 10799.8—2023）（以下简称《配电安规》）第 11.1.3 条的规定：①带电作业的工作票签发人和作业人员参加相应作业前，应经专门培训、考试合格、单位批准；②带电作业的工作票签发人和工作负责人、专责监护人应具有带电作业实践经验。

（2）安全生产、履职尽责是开展配网不停电作业工作的第一位。依据《中华人民共和国安全生产法》的规定：

1）生命安全是不可逾越的红线、安全法律是必须坚守的底线。安全生产工作应当以人为本，坚持安全发展，坚持安全第一、预防为主、综合治理的方针。生产经营单位必须遵守本法和其他有关安全生产的法律、法规，加强安全生产管理，建立、健全安全生产责任制和安全生产规章制度。

2）国家实行生产安全事故责任追究制度，追究生产安全事故责任人员的法律责任。生产经营单位的从业人员有依法获得安全生产保障的权利，并应当依法履行安全生产方面的义务。生产经营单位的主要负责人对本单位的安全生产工作全面负责。生产经营单位必须执行依法制定的保障安全生产的国家标准或者行业标准。

3.1.2 资格要求

配网不停电作业人员必须做到：全员接受培训、全员持证上岗。

全员接受培训包括：安全教育培训、安全知识培训、安全技能培训等。

全员持证上岗包括如下内容：

（1）配网不停电作业人员必须持有供电企业认可的专业技能实训考核合格证书上岗，如：①国网公司配网不停电作业专业技能实训（简单项目）合格证书；②配网不停电作业专业技能实训（复杂项目）合格证书。

（2）配网不停电作业人员必须持有国家认可的特种作业操作证：①《电工作业（高压电工作业）》特种作业操作证；②《高处作业（高处安装、维护、拆除作业）》特种作业操作证，以及《高处作业（登高架设作业）特种作业操作证》上岗。

（3）配网不停电作业人员必须执行供电企业安全准入制度及二次认证制度：①安全准入考试合格上岗；②二次认证合格上岗。

3.1.3 能力要求

结合《配电安规》和《作业规范》的相关规定，工作票所列人员的能力要求如下。

1. 工作票签发人

（1）工作票签发人由具有作业实践经验的管理人员、技术人员和作业人员担任，并经单位批准、名单公布。

（2）工作票签发人应能根据工作任务组织人员现场勘察，正确填写现场勘察记录。

（3）工作票签发人应能履行岗位安全职责，正确签发工作票。

2. 工作负责人（监护人）

（1）工作负责人（监护人）应由具有作业实践经验，具备组织、指挥和管理能力的作业人员担任，并经单位批准、名单公布。

（2）工作负责人（监护人）应能根据工作任务组织人员现场勘察，正确填写现场勘察记录。

（3）工作负责人（监护人）应能履行岗位职责，正确填写工作票、编制施工方案（作业指导卡、作业指导书、三措一案）、填写安全交底卡，召开班前会、出车会做好作业前的准备工作，组织、指挥作业现场工作，做好工作许可、安全交底站班会、施工方案落实和全程监护工作，工作结束后开展班后会和作业资料归档工作。

3. 工作许可人

（1）工作许可人应由熟悉配电网络接线方式、熟悉工作范围内的设备情况、熟悉本文件，并经单位批准的人员担任，名单应公布。

（2）工作许可人包括值班调控人员、运维人员、相关变（配）电站［含用户变（配）电站］和发电厂运维人员、配合停电线路工作许可人及现场工作许可人等。

4. 专责监护人

（1）专责监护人应由具有作业实践经验、责任心强的现场作业人员担任。

（2）专责监护人应能配合工作负责人到岗到责履行工作监护制度，全程实施监督和落实施工方案工作，及时纠正和制止作业人员的不安全行为。

5. 工作班成员

（1）工作班成员应具备独立作业能力、安全意识强的作业人员担任。

（2）工作班人员应能履行岗位安全职责，服从工作负责人（监护人）的指挥和监督，严格执行工作票、施工方案（作业指导卡、作业指导书、三措一案）实施作业。

（3）工作班成员（包括工作负责人、专责监护人等）应会紧急救护法、触电急救法。

3.2　人员安全责任要求

依据《配电安规》第 5.3.12 条的规定，工作票所列人员的安全责任如下。

1. 工作票签发人的安全责任

（1）确认工作必要性和安全性。

（2）确认工作票上所列安全措施正确、完备。

（3）确认所派工作负责人合适，工作班成员适当、充足。

2. 工作负责人（监护人）的安全责任

（1）确认工作票所列安全措施正确、完备，符合现场实际条件，必要时予以补充。

（2）正确、安全地组织工作。

（3）工作前，对工作班成员进行工作任务、安全措施交底和危险点告知，并确保每个工作班成员都已签名确认。

（4）组织执行工作票所列由其负责的安全措施。

（5）监督工作班成员遵守本文件、正确使用劳动防护用品和安全工器具以及执行现场安全措施。

（6）关注工作班成员身体状况和精神状态是否出现异常迹象，人员变动是否合适。

3. 工作许可人的安全责任

（1）确认工作票所列由其负责的安全措施正确、完备，符合现场实际。对工作票所列内容产生疑问时，应向工作票签发人询问清楚，必要时予以补充。

（2）确认由其负责的安全措施正确实施。

（3）确认由其负责的停、送电和许可工作的命令正确。

4. 专责监护人的安全责任

（1）明确被监护人员和监护范围。

（2）工作前，对被监护人员交代监护范围内的安全措施，告知危险点和安全注意事项。

（3）监督被监护人员遵守本文件和执行现场安全措施，及时纠正被监护人员的不安全行为。

5. 工作班成员的安全责任

（1）熟悉工作内容、工作流程，掌握安全措施，明确工作中的危险点，并在工作票上履行交底签名确认手续。

（2）服从工作负责人、专责监护人的指挥，严格遵守本文件和劳动纪律，在指定的作业范围内工作，对自己在工作中的行为负责，互相关心工作安全。

（3）正确使用施工机具、安全工器具和劳动防护用品。

第4章 配网不停电作业对象

配网不停电作业对象，包括配电线路、配电设备以及运用中的电气设备。依据《配电安规》第3.3、3.4、3.5条，有如下规定。

（1）配电线路是指20kV及以下配电网中的架空线路、电缆线路及其附属设备等。

（2）配电设备是指20kV及以下配电网中的配电站、开关站、箱式变电站、柱上变压器、柱上开关（包括柱上断路器、柱上负荷开关）、跌落式熔断器、环网单元、电缆分支箱、低压配电箱、电表计量箱、充电桩等。

（3）运用中的电气设备是指全部带有电压、一部分带有电压或一经操作即带有电压的电气设备。

4.1 架空线路和设备

架空线路和设备包括架空导线、绝缘子、金具、横担、电杆及其附属设备等。

依据《配电网技术导则》（Q/GDW 10370—2016）第7.1.5、7.1.6条和《10kV配网不停电作业规范》（Q/GDW 10520—2016）第5.4.4、7.1条，有如下规定。

（1）架空线路建设改造，宜采用单回线架设以适应带电作业，导线三角形排列时边相与中相水平距离不宜小于800mm；若采用双回线路，耐张杆宜采用竖直双排列；若通道受限，可采用电缆敷设方式。市区架空线路路径的选择、线路分段及联络开关的设置、导线架设布置（线间距离、横担层距及耐张段长度）、设备选型、工艺标准等方面应充分考虑带电作业的要求和发展，以利于带电作业、负荷引流旁路，实现不停电作业。

（2）规划A+、A、B、C、D类供电区域，10kV架空线路一般选用12m或15m环形混凝土电杆；E类供电区域一般选用10m及以上环形混凝土电杆。环形混凝土电杆一般应选用非预应力电杆，交通运输不便地区可采用轻型高强度电杆、组装型杆或窄基铁塔等。A+、A、B类供电区域的繁华路段受条件所限，耐张杆可选用钢管杆。对于受力较大的双回路及多回路直线杆，以及受地形条件限制无法设置拉线的转角杆可采用部分预应力混凝土电杆，其强度等级应为O级、T级、U2级3种。

（3）将配电网工程纳入不停电作业流程管理，并在配电网工程设计时优先考虑便于不停电作业的设备结构及型式；地市公司在配网建设或改造工程设计时，结合本市不停电作业发展水平从国网典设中优先选取便于不停电作业实施的设备结构型式；配电网发展、建设充分考虑在装置、布局（包括线间距离、对地距离等）上向有利于不停电作业工作方向发展。

4.1.1　架空导线

10kV 架空导线承担着传导电流、输送电能的作用，包括裸导线（如 LGJ 钢芯铝绞线）、绝缘导线（如 JKLYJ 铝芯交联聚乙烯绝缘导线）等。10kV 架空绝缘导线的绝缘层标称厚度有 2.5mm 和 3.4mm 两种。架空导线绝缘化和电缆化是配电网发展的趋势。其中：

依据《配电网规划设计技术导则》（DL/T 5729—2016）第 7.1.3 条有如下规定。

如图 4-1 所示，采用铝芯绝缘导线或铝绞线时，A^+、A、B 类供电区域，主干线导线截面（含联络线）$240mm^2$ 或 $185mm^2$，分支导线截面≥$95mm^2$；C、D 类供电区域，主干线导线截面≥$120mm^2$，规划分支导线截面≥$70mm^2$；E 类供电区域：主干线导线截面≥$95mm^2$，规划分支导线截面≥$50mm^2$。

（a）　　　　　　　　　　　　　　　　　（b）

图 4-1　中压架空线路导线截面选择

（a）主干线导线；（b）分支导线

4.1.2　绝缘子

10kV 架空线路用绝缘子包括针式瓷绝缘子、悬式瓷绝缘子、柱式瓷绝缘子、瓷拉棒绝缘子、合成绝缘子及瓷横担绝缘子等，如图 4-2 所示，起着导线对电杆横担的绝缘作用，通常其表面做成波纹形，以增加绝缘子的泄漏距离（爬电距离），提高其绝缘性能。

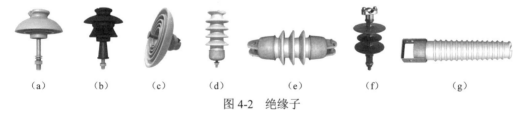

（a）　　　（b）　　　（c）　　　（d）　　　　（e）　　　　（f）　　　　　　（g）

图 4-2　绝缘子

（a）针式瓷绝缘子 1；（b）针式瓷绝缘子 2；（c）球窝型悬式瓷绝缘子；
（d）柱式瓷绝缘子；（e）瓷拉棒绝缘子；（f）合成绝缘子；（g）瓷横担绝缘子

依据《配电网规划设计技术导则》（DL/T 5729—2016）第 7.1.8 条规定：直线杆采用柱式绝缘子，线路绝缘子的雷电冲击耐受电压宜选 105kV，柱上变台支架绝缘子的雷电冲击耐受电压宜选 95kV，线路绝缘子的绝缘水平宜高于柱上变台支架绝缘子的绝缘水平；高海拔地区线路柱式绝缘子的雷电冲击耐受电压宜选 125kV，悬式盘形绝缘子宜增加绝缘子片数。同时应加大杆塔导体相间、相对地距离；沿海、严重化工污秽区域应采用防污绝缘子、有机复合绝缘子等。

4.1.3　金具

10kV 架空线路用金具分为线夹类金具、连接金具和接续金具。

依据《配电网技术导则》（Q/GDW 10370—2016）第 7.1.9 条的规定：架空线路应采用节能型铝合金线夹，绝缘导线耐张固定亦可采用专用线夹。导线承力接续宜采用对接液压型接续管，导线非承力接续不应使用传统依赖螺栓压紧导线的并沟线夹，应选用螺栓 J 型、螺栓 C 型、弹射楔形、液压型等依靠线夹弹性或变形压紧导线的线夹，配电变压器台区引线与架空线路连接点及其他须带电断、接处应选用可带电装、拆线夹，与设备连接应采用液压型接线端子。根据《电力金具试验方法　第 3 部分：热循环试验》（GB/T 2317.3—2008），其接续电阻值不大于与金具等长的参照导线电阻值的 1.1 倍。

1. 线夹类金具

线夹类金具包括悬垂线夹、耐张线夹、设备线夹等。

（1）悬垂线夹用于导线悬挂、固定在直线杆悬式绝缘子串上，如图 4-3 所示。

图 4-3　悬垂线夹

（2）耐张线夹包括楔型和螺栓型耐张线夹，用于导线固定在耐张、转角、终端杆的悬式绝缘子串上，如图 4-4 所示。

（a）　　　　　　　　　　（b）　　　　　　　　　　（c）

图 4-4　耐张线夹

（a）楔型耐张线夹（拉板型）；（b）楔型耐张线夹（拉杆型）；（c）螺栓型耐张线夹

（3）设备线夹如图 4-5 所示，包括液压型设备线夹和螺栓型设备线夹，用于配电线路中的接线端子制作。

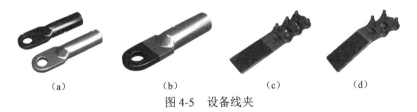

（a）　　　　（b）　　　　（c）　　　　（d）

图 4-5　设备线夹

（a）液压型铜铝设备线夹；（b）液压型铜铝过渡设备线夹；（c）螺栓型 A 型铜铝过渡设备线夹；
（d）螺栓型 B 型铜铝过渡设备线夹

2. 连接金具

连接金具包括平行挂板、U 型挂环、直角挂板、球头挂环和碗头挂板等。

（1）平行挂板与 U 型挂环用于连接槽型悬式绝缘子等，如图 4-6 所示。

图 4-6　挂板与挂环

（a）平行挂板；（b）U 型挂环

（2）直角挂板、球头挂环和碗头挂板用于连接球窝型悬式绝缘子等，如图 4-7 所示。

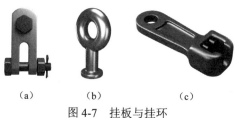

图 4-7　挂板与挂环

（a）直角挂板；（b）球头挂环；（c）碗头挂板

3. 接续金具

接续金具包括 C 型线夹、J 型线夹、H 型线夹、并沟线夹、穿刺线夹、带电装卸线夹、验电接地环等。

（1）C 型线夹包括螺栓式和楔型线夹，依靠 C 形线夹的弹性压紧导线，如图 4-8 所示。安装与拆卸 C 型楔型线夹时，应使用专用的安装工具来完成。

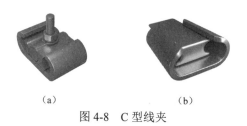

图 4-8　C 型线夹

（a）C 型螺栓式线夹；（b）C 型楔型线夹

（2）J 型线夹属于楔形线夹类，也是依靠线夹弹性压紧导线的线夹，由 2 块具有楔块的 J 元件和 1 根螺栓组成，采用了不依靠螺栓紧固力等方式保持连接稳定性，依靠材料本身的弹力、线夹的特殊结构、特殊合金的材料特性等方式达到线夹长期运行的性能。螺栓 J 型线夹的 J 元件共有 A、B、C 三个系列，每个系列下又有不同的规格，两两组合后适用于不同线径的导线的接续。螺栓 J 型线夹如图 4-9 所示。

（3）H 型线夹如图 4-10 所示，为接续液压型线夹，用作永久性接续，安装时需使用液压机及专用配套模具，压缩成椭圆形。

（4）并沟线夹如图 4-11 所示，是依赖螺栓压紧导线的线夹，包括等径并沟线夹和异径并沟线夹，用于非承力接续与分支连接。依据《配电网技术导则》（Q/GDW 10370）第 7.1.9

条的规定：导线非承力接续不应使用传统依赖螺栓压紧导线的并沟线夹，推荐采用液压接续方式。考虑到绝缘杆作业法带电断开或搭接引流线的需要，为保证接续质量必须严把线夹产品质量关和施工质量关。

（5）穿刺线夹如图 4-12 所示，用于绝缘导线一般配置扭力螺母。

图 4-9　螺栓 J 型线夹　图 4-10　接续液压 H 形线夹　图 4-11　并沟线夹　图 4-12　中压穿刺线夹

（6）带电装卸线夹如图 4-13 所示，包括猴头线夹和马镫线夹等。

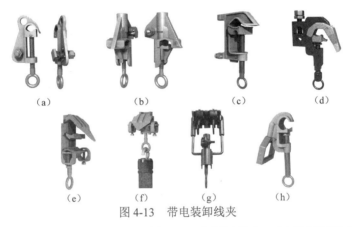

图 4-13　带电装卸线夹

（a）猴头线夹型式 1；（b）猴头线夹型式 2；（c）猴头线夹型式 3；（d）猴头线夹型式 4；
（e）猴头线夹型式 5；（f）猴头线夹型式 6；（g）马镫线夹型式 1；（h）马镫线夹型式 2

（7）验电接地环如图 4-14 所示，包括架空配电线路用验电接地环和防雷验电接地环。

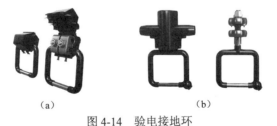

图 4-14　验电接地环

（a）验电接地环；（b）防雷验电接地环

4.1.4　横担

10kV 架空线路用电杆横担包括直线横担、转角横担、耐张横担以及铁横担、瓷横担和绝缘横担等，通常是指电杆顶部横向固定的角铁，用于支持绝缘子、导线及柱上设备，并使导线保持足够的安全距离。

1. 直线杆横担

（1）单回直线杆（三角排列）单横担水平布置，如图 4-15 所示。

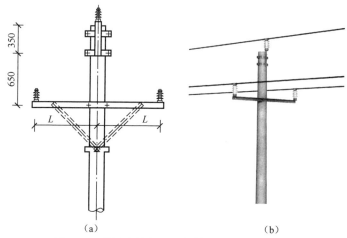

（a）　　　　　　　　　　　　　　（b）

图 4-15　单回直线杆（三角排列）单横担示意图

（a）杆头图；（b）外形图

（2）双回直线杆（三角排列）上、下横担水平布置，如图 4-16 所示。

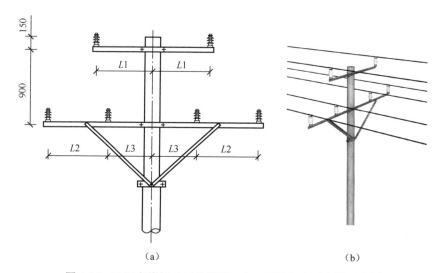

（a）　　　　　　　　　　　　　　（b）

图 4-16　双回直线杆（三角排列）上、下横担水平布置示意图

（a）杆头图；（b）外形图

（3）双回直线杆（垂直排列）上、中、下横担水平布置，如图 4-17 所示。

2. 直线转角杆横担

直线转角杆（三角排列）双横担水平布置，如图 4-18 所示。

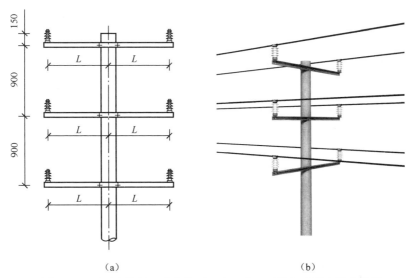

图 4-17　双回直线杆（垂直排列）上、中、下横担水平布置示意图

（a）杆头图；（b）外形图

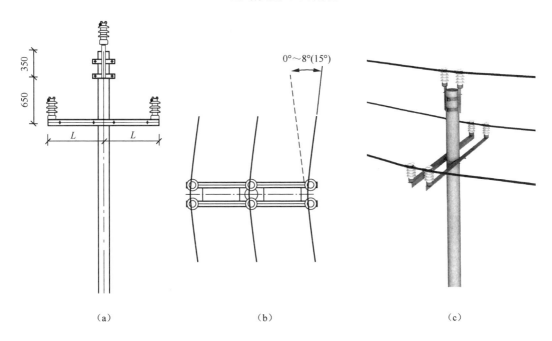

图 4-18　直线转角杆（三角排列）双横担水平布置示意图

（a）杆头图；（b）俯视图；（c）外形图

3. 直线耐张杆横担

直线耐张杆（三角排列）双横担水平布置，如图 4-19 所示。

4. 转角杆横担

（1）0°~45°转角杆（三角排列）双横担水平布置，如图 4-20 所示。

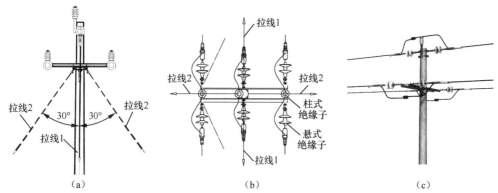

图 4-19　直线耐张杆（三角排列）双横担水平布置示意图

（a）杆头图；（b）俯视图；（c）外形图

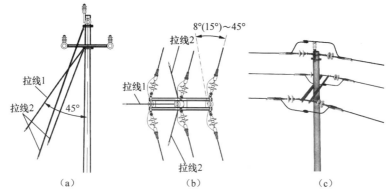

图 4-20　0°～45°转角杆（三角排列）双横担水平布置示意图

（a）杆头图；（b）俯视图；（c）外形图

（2）45°～90°转角杆（三角排列）双层、双横担水平布置，如图 4-21 所示。

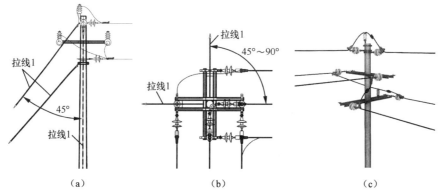

图 4-21　45°～90°转角杆（三角排列）双层、双横担水平布置示意图

（a）正视图；（b）俯视图；（c）外形图

5. 终端杆横担

终端杆（三角排列）双横担水平布置，如图 4-22 所示。

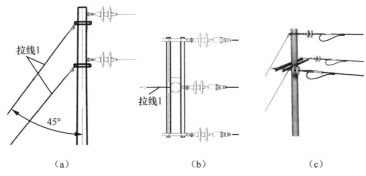

图 4-22　终端杆（三角排列）双横担水平布置示意图

（a）杆头图；（b）俯视图；（c）外形图

4.1.5 柱上设备

10kV 架空线路用柱上设备包括柱上开关（断路器、负荷开关、隔离开关、熔断器和避雷器等），以及配电变压器、电缆引下装置、柱上无功补偿装置、柱上高压计量装置、配网自动化终端设备等。

1. 柱上断路器

柱上断路器包括户外真空断路器和户外 SF_6 断路器，如图 4-23 所示。在任何情况下都具备开断和关合电路的能力，甚至在电路发生最大可能的短路时，也能开断和分合短路电流。

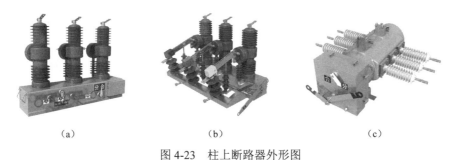

图 4-23　柱上断路器外形图

（a）户外真空断路器 1；（b）户外真空断路器 2（外置隔离开关）；（c）户外 SF_6 断路器

2. 柱上负荷开关

柱上负荷开关包括真空式柱上负荷开关、真空式柱上分界负荷开关、SF_6 式柱上负荷开关如图 4-24 所示。具备分、合正常负荷电流、线路环流、充电电流的能力，还具备合短路电流的能力。因柱上负荷开关和柱上断路器外形和安装方式相似以及柱上开关定义较广、种类较多，选用时应根据铭牌和功能加以区分并应用在不同的场合。

3. 柱上隔离开关

柱上隔离开关（刀闸）如图 4-25 所示，包括瓷绝缘支柱隔离开关和复合绝缘隔离开关。

配网不停电作业技术

由底架、支柱绝缘体、闸刀、触头等部分组成的一种没有专门灭弧装置的开关设备，不能用来开断负载电流和短路电流。

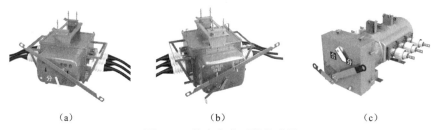

（a）　　　　　　　　（b）　　　　　　　　（c）

图 4-24　柱上负荷开关外形图

（a）真空式柱上负荷开关；（b）真空式柱上分界负荷开关；（c）SF₆式柱上负荷开关

（a）　　　　　　　　　　　　（b）

图 4-25　柱上隔离开关外形图

（a）瓷绝缘支柱隔离开关；（b）复合绝缘支柱隔离开关

4．柱上熔断器

柱上熔断器包括瓷绝缘支柱熔断器、复合绝缘支柱熔断器，以及全绝缘封闭型熔断器如图 4-26 所示。可装在杆上变压器高压侧，互感器和电容器与线路连接处，提供过载和短路保护，也可装在长线路末端或分支线路上，对继电保护保护不到的范围提供保护。

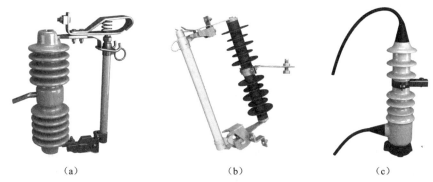

（a）　　　　　　　　（b）　　　　　　　　（c）

图 4-26　柱上熔断器外形图

（a）瓷绝缘支柱熔断器；（b）复合绝缘支柱熔断器；（c）全绝缘封闭型熔断器

5．柱上避雷器

柱上避雷器包括氧化锌避雷器和支柱型避雷器，如图 4-27 所示。安装在线路或设备与大地之间，使雷电或其他原因产生的过电压对地放电，从而保护线路或设备。当过电压来到时，通过避雷器对地快速放电，当电压降到正常电压时，则停止放电，以防止正常工频电流对地放电，造成短路。

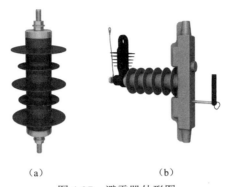

（a）　　　　　　　　（b）

图 4-27　避雷器外形图

（a）氧化锌避雷器；（b）（带验电接地装置）支柱型避雷器

6. 柱上配电变压器

配电变压器是指用于配电系统中直接向用户供电的降压变压器，包括柱上单相变压器、三相变压器，如图 4-28 所示。

（a）　　　　　　　　　（b）　　　　　　　　　（c）

图 4-28　柱上变压器外形图

（a）单相变压器；（b）油浸式变压器；（c）环氧树脂干式变压器

4.1.6　电杆

10kV 架空线路用电杆杆型包括直线杆、耐张杆、终端杆、转角杆、分支杆以及电缆杆、柱上开关杆和配电变台杆等，是由导线经绝缘子串（或绝缘子）悬挂（或支撑固定）在杆塔上而构成。

依据《国家电网公司配电网工程典型设计　10kV 架空线路分册（2016 版）》和《国家电网公司配电网工程典型设计　10kV 配电变台分册（2016 版）》，10kV 架空线路常用电杆杆型典型设计如下。

1. 直线杆

（1）单回直线杆（三角排列）如图 4-29 所示。

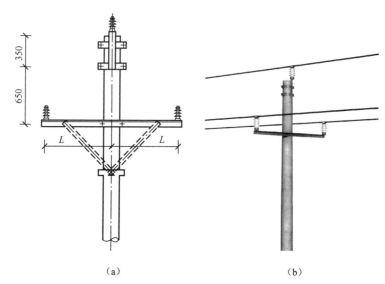

（a） （b）

图 4-29 单回直线杆（三角排列）杆头图

（a）正视图；（b）外形图

（2）单回直线转角杆（三角排列）如图 4-30 所示。

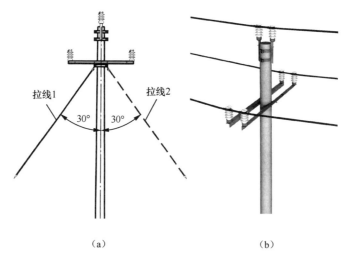

（a） （b）

图 4-30 单回直线转角杆（三角排列）杆头图

（a）正视图；（b）外形图

（3）单回直线杆（三角排列，紧凑型）如图 4-31 所示。

（4）单回直线杆（水平排列）如图 4-32 所示。

（5）双回直线杆（双垂直排列）如图 4-33 所示。

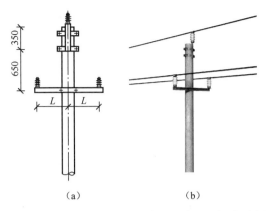

图 4-31　单回直线杆（三角排列，紧凑型）杆头图

（a）正视图；（b）外形图

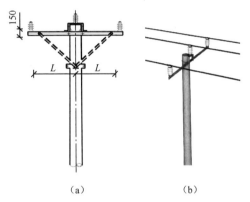

图 4-32　单回直线杆（水平排列）杆头图

（a）正视图；（b）外形图

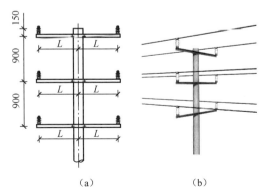

图 4-33　双回直线杆（双垂直排列）杆头图

（a）正视图；（b）外形图

（6）双回直线杆（双垂直排列，紧凑型）如图 4-34 所示。

（7）双回直线钢管杆（双垂直排列）如图 4-35 所示。

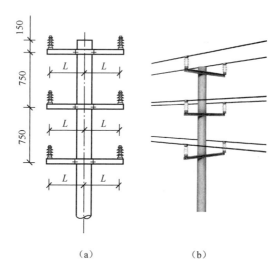

（a）　　　　　　　　（b）

图 4-34　双回直线杆（双垂直排列，紧凑型）杆头图

（a）正视图；（b）外形图

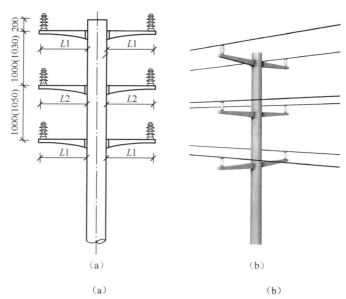

（a）　　　　　　　　（b）

图 4-35　双回直线钢管杆（双垂直排列）杆头图

（a）正视图；（b）外形图

（8）四回直线杆（垂直排列）如图 4-36 所示。

（9）双回直线杆（双三角排列）如图 4-37 所示。

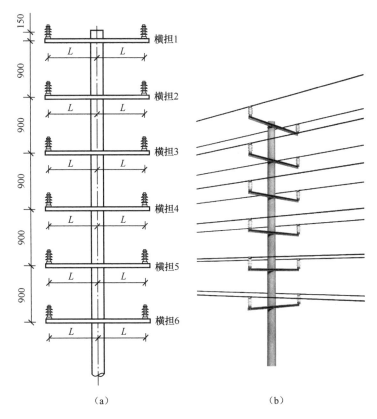

图 4-36 四回直线杆（垂直排列）杆头图

（a）正视图；（b）外形图

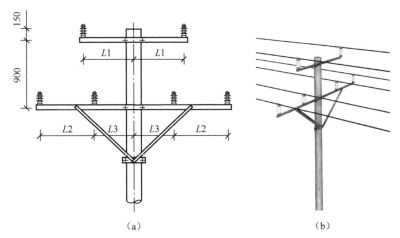

图 4-37 双回直线杆（双三角排列）杆头图

（a）正视图；（b）外形图

（10）双回直线钢管杆（双三角排列）如图 4-38 所示。

（11）三回直线杆（上双三角+下水平排列）如图 4-39 所示。

（12）三回直线杆（上双垂直+下水平排列）如图 4-40 所示。

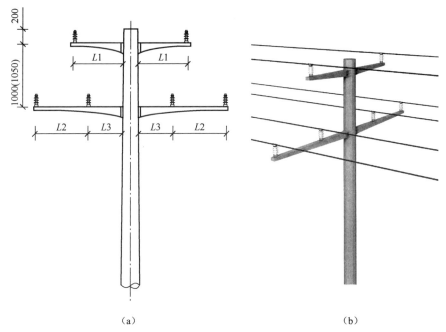

（a） （b）

图 4-38 双回直线钢管杆（双三角排列）杆头图

（a）正视图；（b）外形图

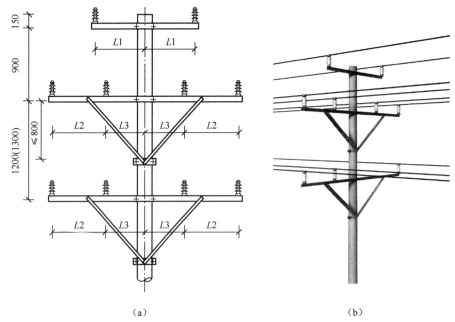

（a） （b）

图 4-39 三回直线杆（上双三角+下水平排列）杆头图

（a）正视图；（b）外形图

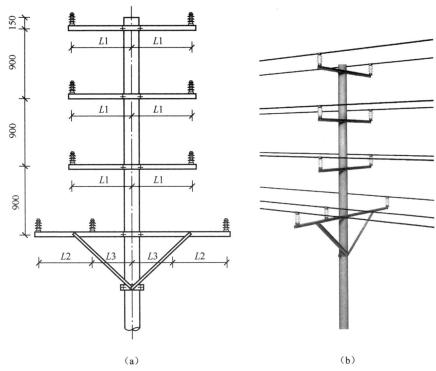

（a）　　　　　　　　　　　（b）

图 4-40　三回直线杆（上双垂直+下水平排列）杆头图

（a）正视图；（b）外形图

2. 直线分支杆

（1）单回直线分支杆（无熔丝支接装置，三角排列）如图 4-41 所示。

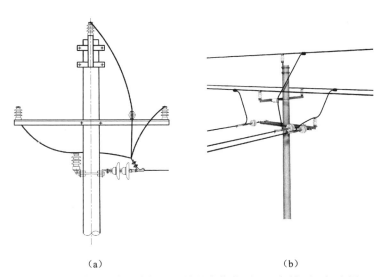

（a）　　　　　　　　　　　（b）

图 4-41　单回直线分支杆（无熔丝支接装置，三角排列）杆头图

（a）正视图；（b）外形图

（2）单回直线分支杆（无熔丝支接装置，水平排列）如图 4-42 所示。

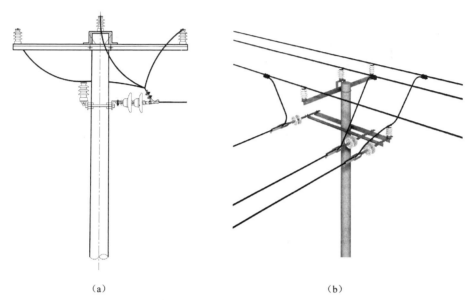

（a）　　　　　　　　　　　　　　　　　　（b）

图 4-42　单回直线分支杆（无熔丝支接装置，水平排列）杆头图

（a）正视图；（b）外形图

（3）单回直线分支杆（有熔丝支接装置，三角排列）如图 4-43 所示。

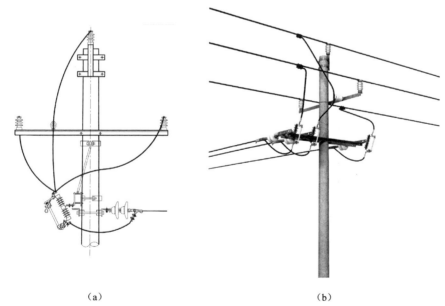

（a）　　　　　　　　　　　　　　　　　　（b）

图 4-43　单回直线分支杆（有熔丝支接装置，三角排列）杆头图

（a）正视图；（b）外形图

（4）单回直线分支杆（有熔丝支接装置，水平排列）如图 4-44 所示。

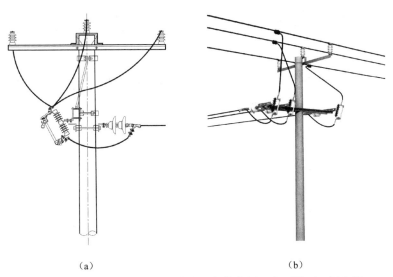

（a）　　　　　　　　　　（b）

图 4-44　单回直线分支杆（有熔丝支接装置，水平排列）杆头图

（a）正视图；（b）外形图

（5）双回直线分支杆（无熔丝支接装置，双垂直排列）如图 4-45 所示。

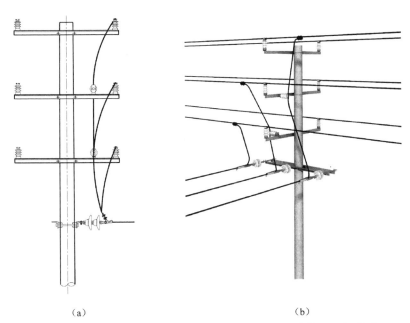

（a）　　　　　　　　　　（b）

图 4-45　双回直线分支杆（无熔丝支接装置，双垂直排列）杆头图

（a）正视图；（b）外形图

（6）双回直线分支杆（无熔丝支接装置，双三角排列）如图 4-46 所示。

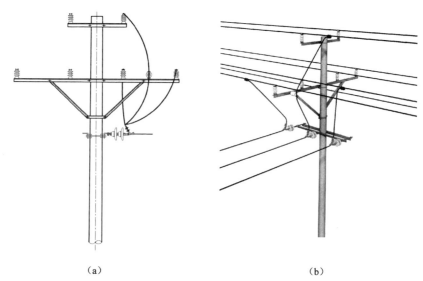

（a）　　　　　　　　　　　　　　（b）

图 4-46　双回直线分支杆（无熔丝支接装置，双三角排列）杆头图
（a）正视图；（b）外形图

（7）双回直线分支杆（有熔丝支接装置，双垂直排列）如图 4-47 所示。

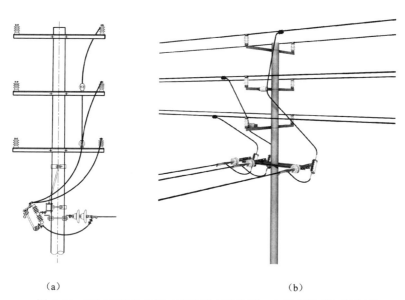

（a）　　　　　　　　　　　　　　（b）

图 4-47　双回直线分支杆（有熔丝支接装置，双垂直排列）杆头图
（a）正视图；（b）外形图

（8）双回直线分支杆（有熔丝支接装置，双三角排列）如图 4-48 所示。

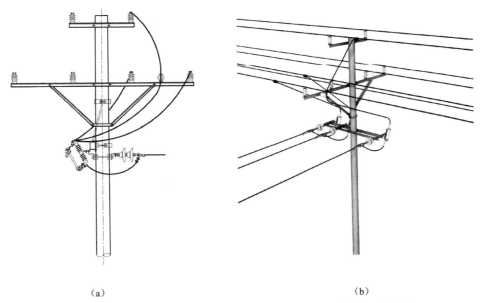

（a）　　　　　　　　　　　　　　（b）

图 4-48　双回直线分支杆（有熔丝支接装置，双三角排列）杆头图

（a）正视图；（b）外形图

（9）三回直线分支杆（无熔丝支接装置，上双垂直+下水平排列）如图 4-49 所示。

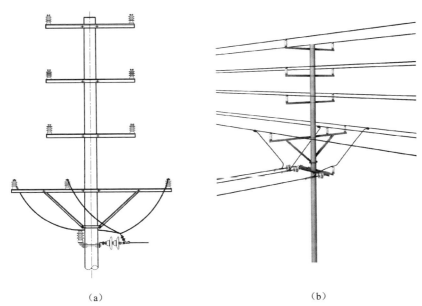

（a）　　　　　　　　　　　　　　（b）

图 4-49　三回直线分支杆（无熔丝支接装置，上双垂直+下水平排列）杆头图

（a）正视图；（b）外形图

（10）二回直线分支杆（无熔丝支接装置，上双三角+下水平排列）如图 4-50 所示。

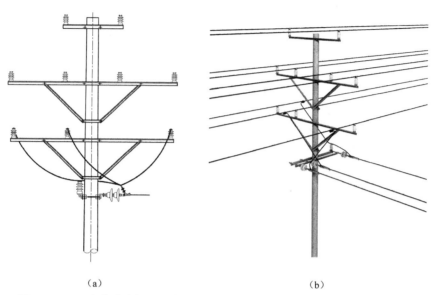

（a） （b）

图 4-50　三回直线分支杆（无熔丝支接装置，上双三角+下水平排列）杆头图

（a）正视图；（b）外形图

（11）三回直线分支杆（有熔丝支接装置，上双垂直+下水平排列）如图 4-51 所示。

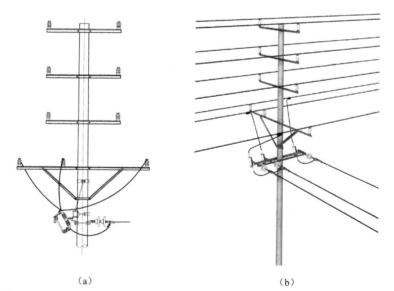

（a） （b）

图 4-51　三回直线分支杆（有熔丝支接装置，上双垂直+下水平排列）杆头图

（a）正视图；（b）外形图

（12）三回直线分支杆（有熔丝支接装置，上双三角+下水平排列）如图 4-52 所示。

3. 耐张杆

（1）单回直线耐张杆（三角排列，两边相引线横担下方搭接）如图 4-53 所示。

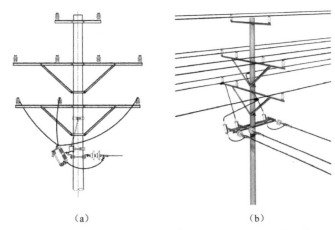

（a）　　　　　　　　　　　（b）

图 4-52　三回直线分支杆（有熔丝支接装置，上双三角+下水平排列）杆头图

（a）正视图；（b）外形图

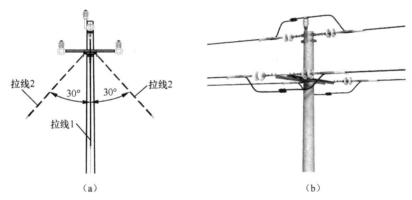

（a）　　　　　　　　　　　（b）

图 4-53　单回直线耐张杆（三角排列，两边相引线横担下方搭接）杆头图

（a）正视图；（b）外形图

（2）单回直线耐张杆（水平排列，两边相引线横担下方搭接）如图 4-54 所示。

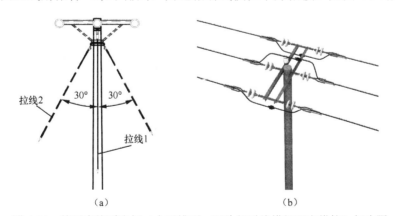

（a）　　　　　　　　　　　（b）

图 4-54　单回直线耐张杆（水平排列，两边相引线横担下方搭接）杆头图

（a）正视图；（b）外形图

（3）双回直线耐张杆（双垂直排列）如图 4-55 所示。

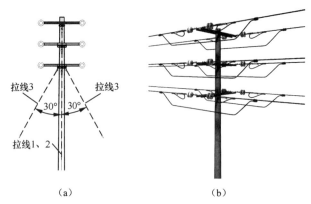

图 4-55　双回直线耐张杆（双垂直排列）杆头图
（a）正视图；（b）外形图

4. 转角杆

（1）单回耐张转角杆（0°～45°，三角排列）如图 4-56 所示。

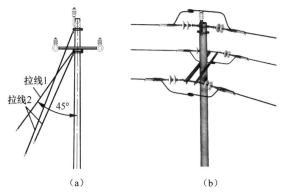

图 4-56　耐张转角杆（0°～45°，三角排列）杆头图
（a）正视图；（b）外形图

（2）单回耐张转角杆（45°～90°，三角排列）如图 4-57 所示。

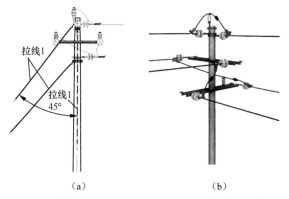

图 4-57　耐张转角杆（45°～90°，三角排列）杆头图
（a）正视图；（b）外形图

5. 终端杆

（1）单回终端杆（三角排列）如图 4-58 所示。

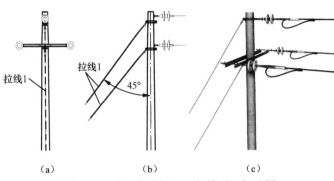

（a）　　　（b）　　　（c）

图 4-58　单回终端杆（三角排列）杆头图

（a）正视图；（b）侧视图；（c）外形图

（2）单回终端杆（水平排列）如图 4-59 所示。

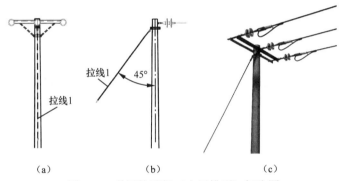

（a）　　　（b）　　　（c）

图 4-59　单回终端杆（水平排列）杆头图

（a）正视图；（b）侧视图；（c）外形图

（3）双回终端杆（双垂直排列）如图 4-60 所示。

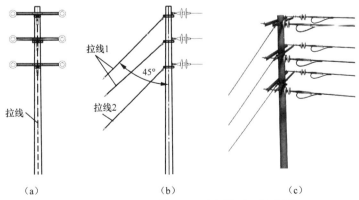

（a）　　　（b）　　　（c）

图 4-60　双回终端杆（双垂直排列）杆头图

（a）正视图；（b）侧视图；（c）外形图

6. 电缆引下杆

（1）单回电缆引下杆（直线杆，安装氧化锌避雷器）如图 4-61 所示。

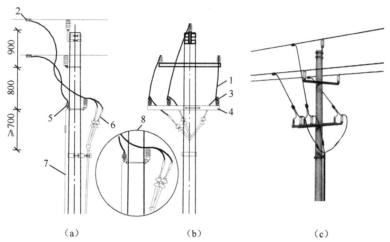

图 4-61　单回电缆引下杆杆头图（直线杆，安装氧化锌避雷器）

（a）正视图；（b）侧视图；（c）外形图

1—导线引线；2—异型并购线夹避雷器上引线；3—线路柱式绝缘子；4—避雷器横担；5—氧化锌避雷器；6—户外电缆终端；7—接地引下线；8—氧化锌避雷器安装图

（2）单回电缆引下杆（直线杆，安装支柱型避雷器）如图 4-62 所示。

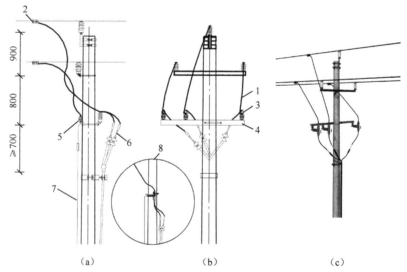

图 4-62　单回电缆引下杆杆头图（直线杆，安装支柱型避雷器）

（a）正视图；（b）侧视图；（c）外形图

1—导线引线；2—异型并购线夹避雷器上引线；3—线路柱式绝缘子；4—避雷器横担；5—支柱型避雷器；6—户外电缆终端；7—接地引下线；8—支柱型避雷器安装图

（3）单回电缆引下杆（直线杆，经跌落式熔断器引下，安装支柱型避雷器）如图 4-63 所示。

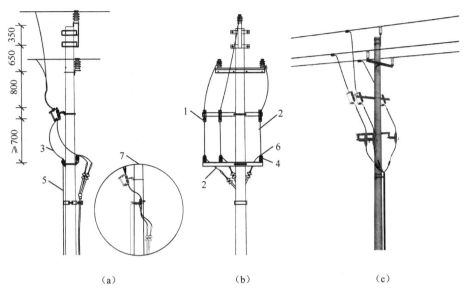

图 4-63　单回电缆引下杆杆头图（直线杆，经跌落式熔断器引下，安装支柱型避雷器）

（a）正视图；（b）侧视图；（c）外形图

1—导线引线；2—避雷器上引线；3—支柱型避雷器；4—户外电缆终端；
5—接地引下线；6—避雷器支架；7—支柱型避雷器安装图

（4）单回电缆引下杆（直线杆，经跌落式熔断器引下，安装氧化锌避雷器）如图 4-64
所示。

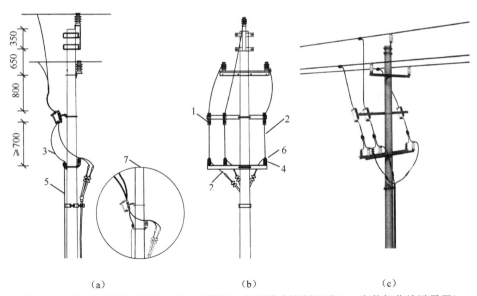

图 4-64　单回电缆引下杆杆头图（直线杆，经跌落式熔断器引下，安装氧化锌避雷器）

（a）正视图；（b）侧视图；（c）外形图

1—导线引线；2—避雷器上引线；3—支柱型避雷器；4—户外电缆终端；
5—接地引下线；6—避雷器支架；7—氧化锌避雷器安装图

（5）单回双杆电缆引下杆（直线杆，经隔离开关、断路器引下）如图 4-65 所示。

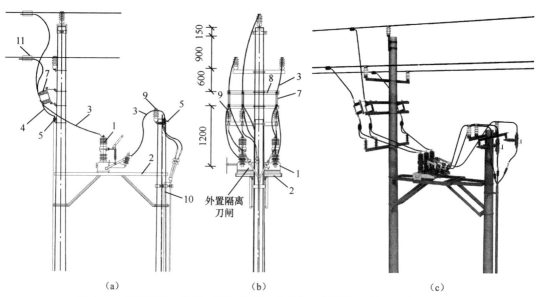

（a）　　　　　　　　　　（b）　　　　　　　　　　（c）

图 4-65　单回双杆电缆引下杆杆头图（直线杆，经隔离开关、断路器引下）

（a）正视图；（b）侧视图；（c）外形图

1—柱上断路器；2—开关支架；3—导线引线；4—避雷器上引线；5—合成氧化锌避雷器；6—开关标识牌；
7—隔离开关；8—隔离开关安装支架；9—线路柱式瓷绝缘子；10—接地引下线；11—接续金具

（6）单回电缆引下杆（终端杆，经跌落式熔断器引下，安装支柱型避雷器）如图 4-66
所示。

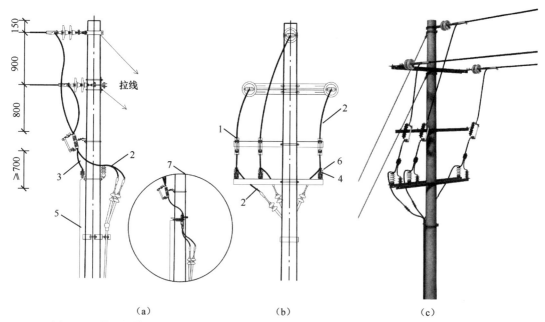

（a）　　　　　　　　　　（b）　　　　　　　　　　（c）

图 4-66　单回电缆引下杆杆头图（终端杆，经跌落式熔断器引下，安装支柱型避雷器）

（a）正视图；（b）侧视图；（c）外形图

1—跌落式熔断器；2—导线引线；3—避雷器上引线；4—支柱型避雷器；
5—接地引下线；6—线路柱式瓷绝缘子；7—支柱型避雷器安装图

（7）单回电缆引下杆（终端杆，经跌落式熔断器引下，安装氧化锌避雷器）如图 4-67 所示。

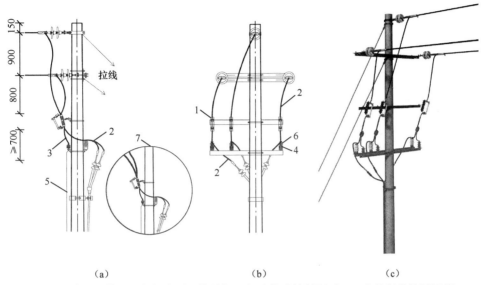

（a）　　　　　　　　　　（b）　　　　　　　　　　（c）

图 4-67　单回电缆引下杆杆头图（终端杆，经跌落式熔断器引下，安装氧化锌避雷器）

（a）正视图；（b）侧视图；（c）外形图

1—跌落式熔断器；2—导线引线；3—避雷器上引线；4—合成氧化锌避雷器；
5—接地引下线；6—线路柱式瓷绝缘子；7—氧化锌避雷器安装图

（8）单回电缆引下杆（终端杆，经隔离开关引下，安装支柱型避雷器）如图 4-68 所示。

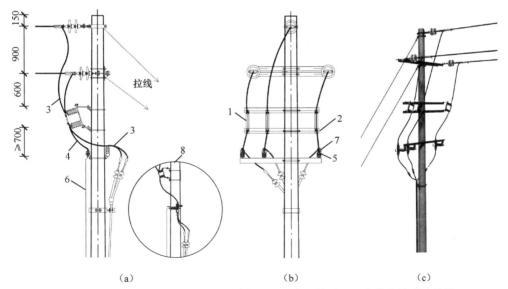

（a）　　　　　　　　　　（b）　　　　　　　　　　（c）

图 4-68　单回电缆引下杆杆头图（终端杆，经隔离开关引下，安装支柱型避雷器）

（a）正视图；（b）侧视图；（c）外形图

1—隔离开关；2—隔离开关安装支架；3—导线引线；4—避雷器上引线；
5—支柱型避雷器；6—接地引下线；7—线路柱式瓷绝缘子；8—支柱型避雷器安装图

（9）单回电缆引下杆（终端杆，经隔离开关引下，安装氧化锌避雷器）如图 4-69所示。

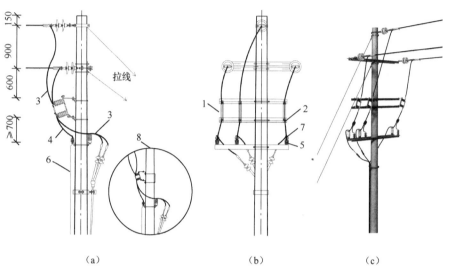

（a）　　　　　　　　　　（b）　　　　　　　　　（c）

图 4-69　单回电缆引下杆杆头图（终端杆，经隔离开关引下，安装氧化锌避雷器）

（a）正视图；（b）侧视图；（c）外形图

1—隔离开关；2—隔离开关安装支架；3—导线引线；4—避雷器上引线；5—合成氧化锌避雷器；
6—接地引下线；7—线路柱式瓷绝缘子；8—氧化锌避雷器安装图

（10）单回电缆引下杆（终端杆，安装支柱型避雷器）如图 4-70 所示。

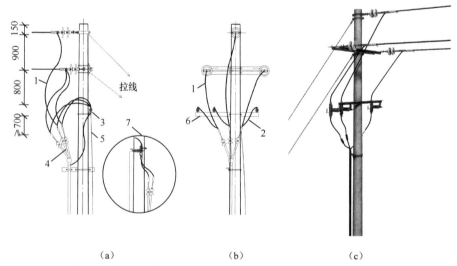

（a）　　　　　　　　　　（b）　　　　　　　　　（c）

图 4-70　单回电缆引下杆杆头图（终端杆，安装支柱型避雷器）

（a）正视图；（b）侧视图；（c）外形图

1—导线引线；2—避雷器上引线；3—支柱型避雷器；4—户外电缆终端；
5—接地引下线；6—避雷器支架；7—支柱型避雷器安装图

（11）单回电缆引下杆（终端杆，安装氧化锌避雷器）如图 4-71 所示。

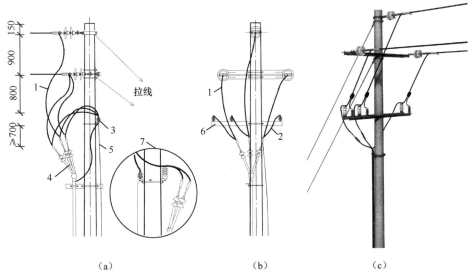

　　　（a）　　　　　　　　　　（b）　　　　　　　　　　（c）

图 4-71　单回电缆引下杆杆头图（终端杆，安装氧化锌避雷器）

（a）正视图；（b）侧视图；（c）外形图

1—导线引线；2—避雷器上引线；3—合成氧化锌避雷器；4—户外电缆终端；
5—接地引下线；6—避雷器支架；7—氧化锌避雷器安装图

（12）双回电缆引下杆（终端杆，经跌落式熔断器引下，安装氧化锌避雷器）如图 4-72 所示。

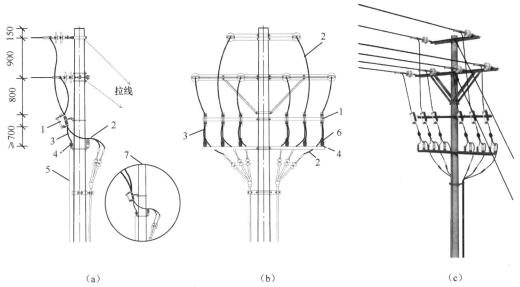

　　　（a）　　　　　　　　　　（b）　　　　　　　　　　（c）

图 4-72　双回电缆引下杆杆头图（终端杆，经跌落式熔断器引下，安装氧化锌避雷器）

（a）正视图；（b）侧视图；（c）外形图

1—跌落式熔断器；2—导线引线；3—避雷器上引线；4—合成氧化锌避雷器；
5—接地引下线；6—线路柱式瓷绝缘子；7—氧化锌避雷器安装图

（13）双回电缆引下杆（终端杆，双三角排列，经隔离开关、断路器引下），如图 4-73 所示。

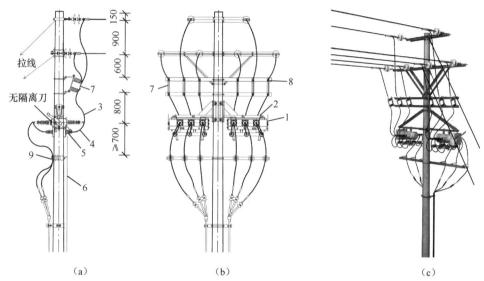

（a）　　　　　　　　　　（b）　　　　　　　　　　（c）

图 4-73　双回电缆引下杆杆头图（终端杆，双三角排列，经隔离开关、断路器引下）

（a）正视图；（b）侧视图；（c）外形图

1—柱上断路器；2—开关支架；3—导线引线；4—避雷器上引线；5—合成氧化锌避雷器；6—接地引下线；
7—隔离开关；8—隔离开关安装支架；9—线路柱式瓷绝缘子

（14）双回电缆引下杆（终端杆，安装支柱型避雷器）如图 4-74 所示。

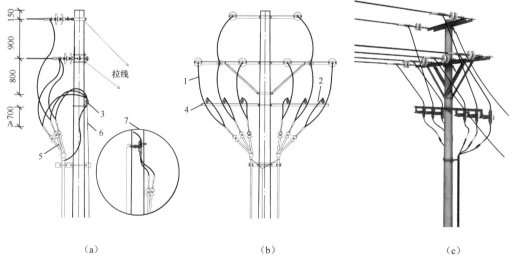

（a）　　　　　　　　　　（b）　　　　　　　　　　（c）

图 4-74　双回电缆引下杆杆头图（终端杆，安装支柱型避雷器）

（a）正视图；（b）侧视图；（c）外形图

1—导线引线；2—避雷器上引线；3—支柱型避雷器；4—避雷器支架；
5—户外电缆终端；6—接地引下线；7—支柱型避雷器安装图

（15）双回电缆引下杆（终端杆，安装氧化锌避雷器）如图 4-75 所示。

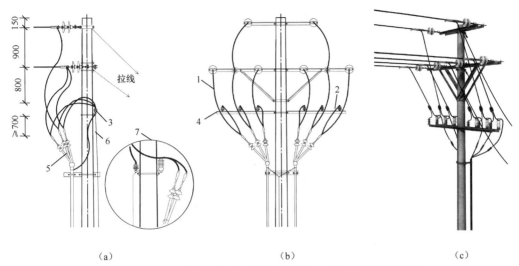

（a）　　　　　　　　　　（b）　　　　　　　　　　（c）

图 4-75　双回电缆引下杆杆头图（终端杆，安装氧化锌避雷器）

（a）正视图；（b）侧视图；（c）外形图

1—导线引线；2—避雷器上引线；3—支柱型避雷器；4—避雷器支架；
5—户外电缆终端；6—接地引下线；7—氧化锌避雷器安装图

7. 隔离开关杆和熔断器杆

（1）单回隔离开关杆（耐张杆，三角排列）如图 4-76 所示。

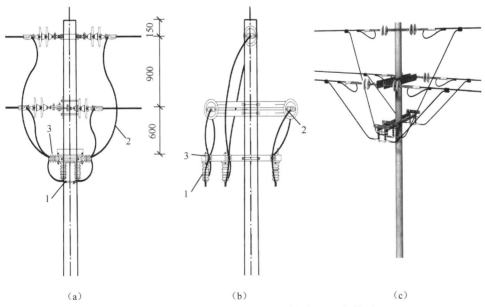

（a）　　　　　　　　　　（b）　　　　　　　　　　（c）

图 4-76　单回隔离开关杆杆头图（耐张杆，三角排列）

（a）正视图；（b）侧视图；（c）引线搭接图（c）外形图

1—隔离开关；2—导线引线；3—线路柱式瓷绝缘子

（2）单回跌落式熔断器杆（耐张杆，三角排列）如图4-77所示。

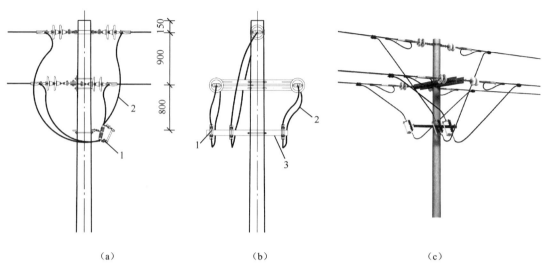

（a） （b） （c）

图4-77　单回跌落式熔断器杆杆头图（耐张杆，三角排列）

（a）正视图；（b）侧视图；（c）外形图

1—跌落式熔断器；2—导线引线；3—跌落式熔断器支架

8. 柱上开关杆

（1）单回柱上断路器（含负荷开关）杆（耐张杆，三角排列，内置隔离刀）如图4-78所示。

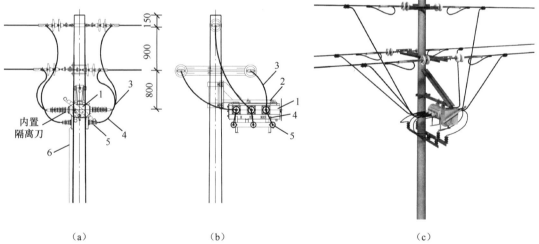

（a） （b） （c）

图4-78　单回柱上断路器（含负荷开关）杆杆头图（耐张杆，三角排列，内置隔离刀）

（a）正视图；（b）侧视图；（c）外形图

1—柱上断路器；2—开关支架；3—导线引线；4—避雷器上引线；
5—合成氧化锌避雷器；6—接地引下线

（2）单回柱上断路器（含负荷开关）杆（耐张杆，水平排列或三角排列，内置隔离刀，双侧PT）如图4-79所示。

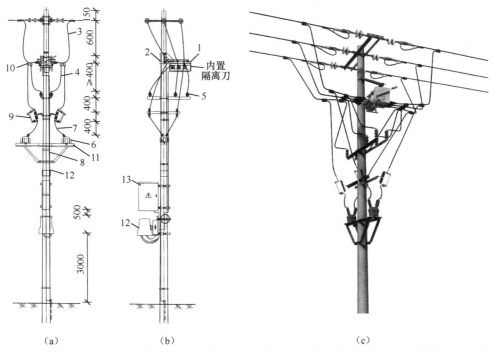

（a）　　　　　　　　（b）　　　　　　　　　　　　（c）

图 4-79　单回柱上断路器（含负荷开关）杆杆头图（耐张杆，水平排列或三角排列，内置隔离刀，双侧 PT）

（a）正视图；（b）侧视图；（c）外形图

1—柱上断路器；2—开关支架；3—开关引线；4—避雷器上引线；5—氧化锌避雷器；6—电压互感器；
7—电压互感器引线；8—接地引下线；9—跌落式熔断器；10—接续线夹；11—电压互感器安装支架；
12—柱上配电自动化终端；13—光缆通信箱

（3）单回柱上断路器杆（耐张杆，三角排列，外加单侧隔离开关）如图 4-80 所示。

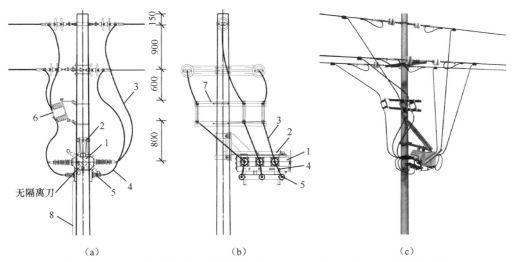

（a）　　　　　　　　　（b）　　　　　　　　　（c）

图 4-80　单回柱上断路器杆杆头图（耐张杆，三角排列，外加单侧隔离开关）

（a）正视图；（b）侧视图；（c）外形图

1—柱上断路器；2—开关支架；3—导线引线；4—避雷器上引线；5—合成氧化锌避雷器；
6—隔离开关；7—隔离开关安装支架；8—接地引下线

77

（4）单回柱上断路器（含负荷开关）杆（耐张杆，三角排列，外加两侧隔离开关）如图 4-81 所示。

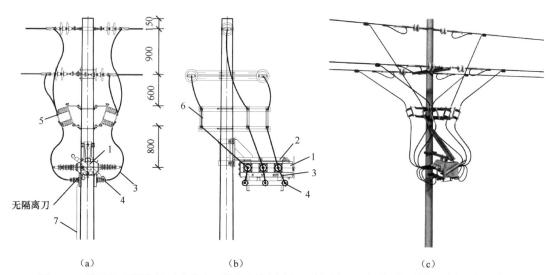

图 4-81 单回柱上断路器（含负荷开关）杆杆头图（耐张杆，三角排列，外加两侧隔离开关）

（a）正视图；（b）侧视图；（c）外形图

1—柱上断路器；2—开关支架；3—避雷器上引线；4—合成氧化锌避雷器；
5—隔离开关；6—隔离开关安装支架；7—接地引下线

（5）单回柱上断路器（含负荷开关）杆（耐张杆，三角排列，外置隔离刀）如图 4-82 所示。

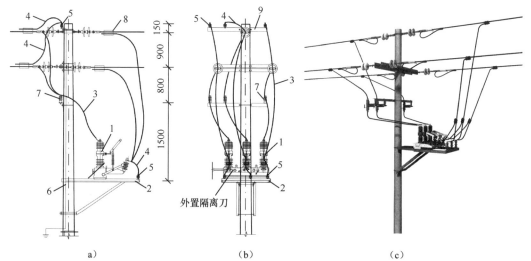

图 4-82 单回柱上断路器（含负荷开关）杆杆头图（耐张杆，三角排列，外置隔离刀）

（a）正视图；（b）侧视图；（c）外形图

1—柱上断路器；2—开关支架；3—导线引线；4—避雷器上引线；5—合成氧化锌避雷器；6—接地引下线；
7—线路柱式瓷绝缘子；8—接续金具；9—避雷器支架

（6）单回双杆柱上断路器（含负荷开关）杆（终端杆，三角排列，外加双侧隔离开关）如图 4-83 所示。

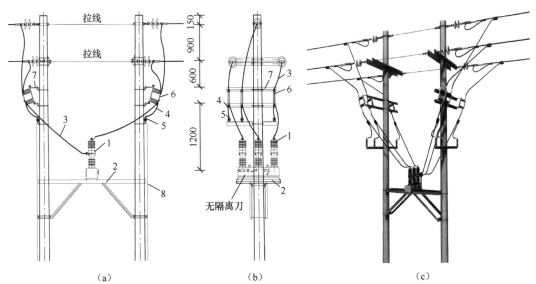

（a）　　　　　　　　　　　（b）　　　　　　　　　　　（c）

图 4-83　单回双杆柱上断路器（含负荷开关）杆杆头图（终端杆，三角排列，外加双侧隔离开关）

（a）正视图；（b）侧视图；（c）外形图

1—柱上断路器；2—开关支架；3—导线引线；4—避雷器上引线；5—合成氧化锌避雷器；
6—隔离开关；7—隔离开关安装支架；8—接地引下线

（7）双回柱上断路器（含负荷开关）杆（耐张杆，双三角排列，外置隔离刀）如图 4-84 所示。

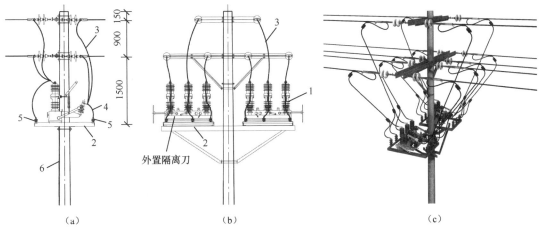

（a）　　　　　　　　　　　（b）　　　　　　　　　　　（c）

图 4-84　双回柱上断路器（含负荷开关）杆杆头图（耐张杆，双三角排列，外置隔离刀）

（a）正视图；（b）侧视图；（c）外形图

1—柱上断路器；2—开关支架；3—导线引线；4—避雷器上引线；5—合成氧化锌避雷器；
6—接地引下线

（8）双回柱上断路器（含负荷开关）杆（耐张杆，双三角排列，外加两侧隔离开关）如图 4-85 所示。

9. 柱上变压器杆

（1）柱上变压器杆（变压器侧装，电缆引线，12m 双杆）如图 4-86 所示。

（2）柱上变压器杆（变压器侧装，绝缘导线引线，12m 双杆）如图 4-87 所示。

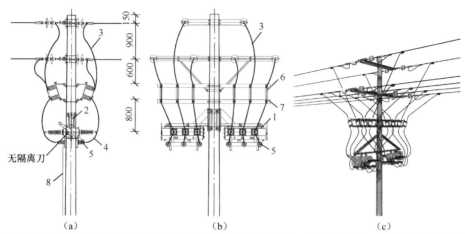

图 4-85　双回柱上断路器（含负荷开关）杆杆头图（耐张杆，双三角排列，外加两侧隔离开关）

（a）正视图；（b）侧视图；（c）外形图

1—柱上断路器；2—开关支架；3—导线引线；4—避雷器上引线；5—合成氧化锌避雷器；6—隔离开关；
7—隔离开关安装支架；8—接地引下线

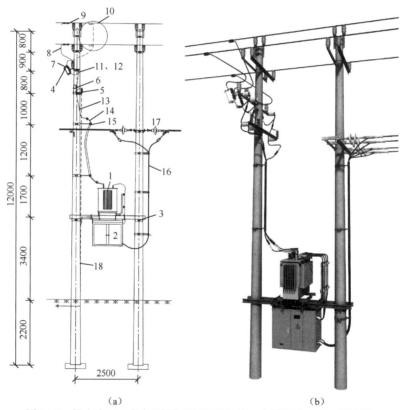

图 4-86　柱上变压器杆杆型图（变压器侧装，电缆引线，12m 双杆）

（a）正视图；（b）外形图

1—柱上变压器；2—JP 柜（低压综合配电箱）；3—变压器双杆支持架；4—跌落式熔断器；5—普通型避雷器或可拆卸避雷器；
6—绝缘穿刺接地线夹；7—熔断器安装架；8—高压绝缘线；9—选用异性并购线夹；10—选用带电装拆卸夹；
11—线路柱式瓷绝缘子；12—横担；13—高压绝缘线；14—10kV 电力电缆和电缆头；15—杆上电缆固定架；
16—低压电缆或低压绝缘线；17—低压耐张串；18—接地引下线

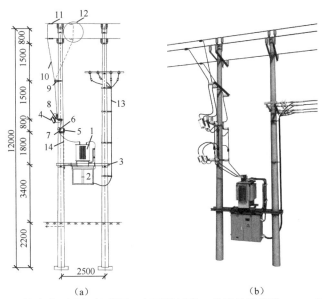

图 4-87 柱上变压器杆杆型图（变压器侧装，绝缘导线引线，12m 双杆）

（a）正视图；（b）外形图

1—柱上变压器；2—JP 柜（低压综合配电箱）；3—变压器双杆支持架；4—跌落式熔断器；5—普通型避雷器或可拆卸避雷器；
6—绝缘穿刺接地线夹；7—绝缘压接线夹；8—熔断器安装架；9—线路柱式瓷绝缘子；10—高压绝缘线；
11—选用异性并购线夹；12—选用带电装拆线夹；13—低压电缆或低压绝缘线；14—接地引下线

（3）柱上变压器杆（变压器正装，绝缘导线引线，12m 双杆）如图 4-88 所示。

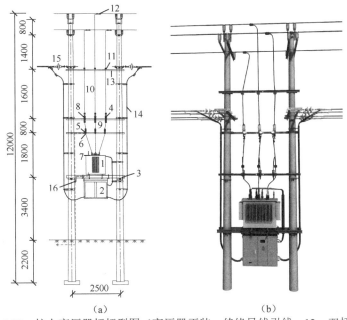

图 4-88 柱上变压器杆杆型图（变压器正装，绝缘导线引线，12m 双杆）

（a）正视图；（b）外形图

1—柱上变压器；2—JP 柜（低压综合配电箱）；3—变压器双杆支持架；4—跌落式熔断器；5—普通型避雷器或可拆卸避雷器；
6—绝缘穿刺接地线夹；7—绝缘压接线夹；8—熔断器安装架；9—高压绝缘线；10—高压绝缘线；11—线路柱式瓷绝缘子；
12—选用异性并购线夹；13—横担；14—低压电缆或低压绝缘线；15—低压耐张串；16—接地引下线

4.2 电缆线路和设备

4.2.1 电缆本体

电力电缆的基本结构由导体、绝缘层和保护层三部分组成，中压电缆还包括内、外半导电层和金属屏蔽层，如图 4-89、图 4-90 所示。电缆采用铜或铝作导体，绝缘体包在导体外面起绝缘作用。

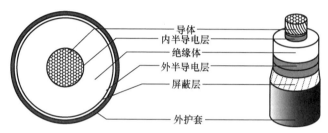

图 4-89　单芯电力电缆的结构

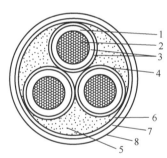

图 4-90　10kV 交联聚乙烯绝缘电缆构造示意图

1—绝缘层；2—线芯；3—半导体层；4—铜带屏蔽层；5—填料；6—塑料内衬；7—铠装层；8—塑料外护层

4.2.2 电缆接头

电缆接头又称电缆头，电缆线路中间部位的电缆接头称为电缆中间接头，而线路两末端的电缆接头称为电缆终端头。电缆中间接头和电缆终端头分别如图 4-91、图 4-92 所示。

图 4-91　电缆中间接头

1—电缆芯绝缘屏蔽层；2—中间头应力锥（几何法）；3—电缆芯绝缘层；4—中间接头绝缘层；5—中间接头内屏蔽层；
6—金属连接管；7—中间接头外屏蔽层；8—铜屏蔽网；9—钢铠过桥地线；10—电缆铜屏蔽层；11—恒力弹簧；
12—电缆内护层；13—电缆铠装层；14—电缆外护套；15—防水胶带层；16—装甲带

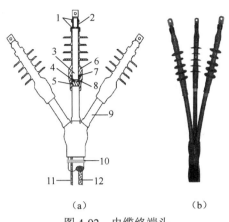

图 4-92 电缆终端头

（a）结构图；（b）外形图

1—绝缘胶带；2—密封绝缘管；3—主绝缘层；4—半导电层；5—铜屏蔽层；6—冷缩终端；7—应力锥；
8—半导电胶；9—冷缩绝缘管；10—PVC 胶带；11—小接地编织线；12—大接地编织线

4.2.3 电缆分支箱和电缆终端

电缆分支箱也称电缆分接箱，用于多分支电缆终端连接，作用是将电缆分接或转接，包括欧式电缆分支箱和美式电缆分支箱。欧式电缆分支箱图如图 4-93 所示，美式电缆分支箱图如图 4-94 所示。欧式电缆分支箱（或环网箱）采用螺栓式（T 型）电缆终端（见图4-95）；美式电缆分支箱（或环网箱）采用插入式（肘型）电缆终端（见图 4-96）。

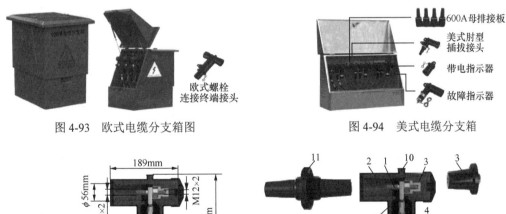

图 4-93 欧式电缆分支箱图

图 4-94 美式电缆分支箱

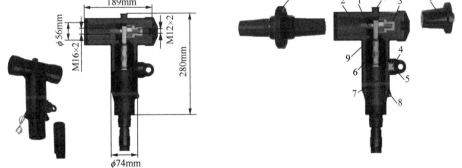

图 4-95 螺栓式（T 型）电缆终端

1—连接螺杆（其中一端与套管连接）；2—绝缘层；3—绝缘子；4—电压测试点；5—测试点盖；
6—内半导电层；7—应力锥；8—接地眼；9—外半导电层；10—压接端子；11—套管（负荷转接头）

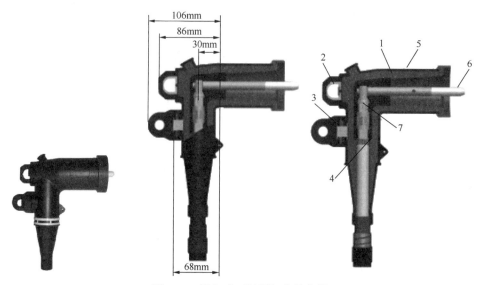

图 4-96　插入式（肘型）电缆终端

1—绝缘层；2—操作环；3—电压测试点；4—内半导电层；5—外半导电层；6—消弧插入棒；7—压接端子

4.2.4　欧式环网箱

欧式环网箱如图 4-97 所示，是一组高压开关设备装在钢板金属柜体内或做成拼装间隔式环网供电单元的电气设备，用于中压电缆线路分段、联络及分接负荷，是环网供电和终端供电的重要开关设备。在电缆不停电检修作业中，每个环网箱须留有一个备用间隔用于柔性电缆接入，若没有备用间隔可通过短时停电接入旁路电缆。

图 4-97　欧式环网柜

4.2.5　欧式箱式变电站

欧式箱式变电站如图 4-98 所示，主要由高压开关设备、配电变压器及低压开关设备三大部分构成，各为一室（即高压室、变压器室和低压室），组成"目"或"品"字结构，通过电缆或母线来实现电气连接。

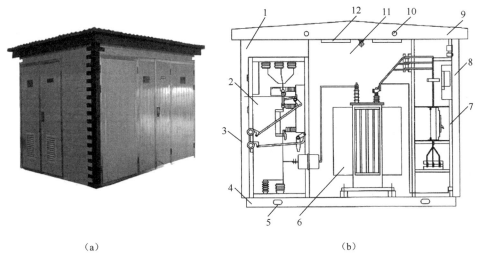

（a）　　　　　　　　　　　　　　　　（b）

图 4-98　欧式箱式变电站

（a）外形图；（b）结构图

1—高压室；2—环网柜；3—框架；4—底座；5—底部吊装轴；6—变压器；7—低压柜；
8—低压室；9—箱顶；10—顶部吊装支撑；11—变压器室；12—温控排风扇

第5章 配网不停电作业项目

配网不停电作业项目，按照作业对象的不同可以分为：引线类、元件类、电杆类、设备类、消缺类（即指普通消缺及装拆附件类，本书同）、旁路类（即转供电类）、取电类（即取供电类）、发电类（即保供电类）。结合《10kV配网不停电作业规范》（Q/GDW 10520—2016）（以下简称《配电规范》）（附录A）的项目分类、《配电现场作业风险管控实施细则（试行）》（国家电网设备〔2022〕89号附件5）风险等级划分，10kV配网不停电作业项目（Ⅳ类33项）及风险等级（Ⅳ、Ⅲ级）明细表见表5-1。

表5-1   10kV配网不停电作业项目及风险等级（Ⅳ、Ⅲ级）明细表

序号	类别	分类	作业方式	细类	项目	风险等级
1	带电作业	第一类	绝缘杆作业法	消缺类	普通消缺及装拆附件（包括：修剪树枝、清除异物、扶正绝缘子、拆除退役设备；加装或拆除接触设备套管、故障指示器、驱鸟器等）	Ⅳ
2	带电作业	第一类	绝缘杆作业法	设备类	带电更换避雷器	Ⅳ
3	带电作业	第一类	绝缘杆作业法	引线类	带电断引流线（包括：熔断器上引线、分支线路引线、耐张杆引流线）	Ⅳ
4	带电作业	第一类	绝缘杆作业法	引线类	带电接引流线（包括：熔断器上引线、分支线路引线、耐张杆引流线）	Ⅳ
5	带电作业	第二类	绝缘手套作业法	消缺类	普通消缺及装拆附件（包括：清除异物、扶正绝缘子、修补导线及调节导线弧垂、处理绝缘子异响、拆除退役设备、更换拉线、拆除非承力线夹；加装接地环；加装或拆除接触设备套管、故障指示器、驱鸟器等）	Ⅳ
6	带电作业	第二类	绝缘手套作业法	消缺类	带电辅助加装或拆除绝缘遮蔽	Ⅳ
7	带电作业	第二类	绝缘手套作业法	设备类	带电更换避雷器	Ⅳ
8	带电作业	第二类	绝缘手套作业法	引线类	带电断引流线（包括：熔断器上引线、分支线路引线、耐张杆引流线）	Ⅳ
9	带电作业	第二类	绝缘手套作业法	引线类	带电接引流线（包括：熔断器上引线、分支线路引线、耐张杆引流线）	Ⅳ
10	带电作业	第二类	绝缘手套作业法	设备类	带电更换熔断器	Ⅳ
11	带电作业	第二类	绝缘手套作业法	元件类	带电更换直线杆绝缘子	Ⅳ

续表

序号	类别	分类	作业方式	细类	项目	风险等级
12	带电作业	第二类	绝缘手套作业法	元件类	带电更换直线杆绝缘子及横担	IV
13	带电作业	第二类	绝缘手套作业法	元件类	带电更换耐张杆绝缘子串	IV
14	带电作业	第二类	绝缘手套作业法	设备类	带电更换柱上开关或隔离开关	IV
15	带电作业	第三类	绝缘杆作业法	元件类	带电更换直线杆绝缘子	IV
16	带电作业	第三类	绝缘杆作业法	元件类	带电更换直线杆绝缘子及横担	IV
17	带电作业	第三类	绝缘杆作业法	设备类	带电更换熔断器	IV
18	带电作业	第三类	绝缘手套作业法	元件类	带电更换耐张杆绝缘子串及横担	III
19	带电作业	第三类	绝缘手套作业法	电杆类	带电组立或撤除直线电杆	III
20	带电作业	第三类	绝缘手套作业法	电杆类	带电更换直线电杆	III
21	带电作业	第三类	绝缘手套作业法	电杆类	带电直线杆改终端杆	III
22	带电作业	第三类	绝缘手套作业法	设备类	带负荷更换熔断器	III
23	带电作业	第三类	绝缘手套作业法	元件类	带负荷更换导线非承力线夹	III
24	带电作业	第三类	绝缘手套作业法	设备类	带负荷更换柱上开关或隔离开关	III
25	带电作业	第三类	绝缘手套作业法	电杆类	带负荷直线杆改耐张杆	III
26	带电作业	第三类	绝缘手套作业法绝缘杆作业法	引线类	带电断空载电缆线路与架空线路连接引线	III
27	带电作业	第三类	绝缘手套作业法绝缘杆作业法	引线类	带电接空载电缆线路与架空线路连接引线	III
28	带电作业	第四类	绝缘手套作业法	设备类	带负荷直线杆改耐张杆并加装柱上开关或隔离开关	III

续表

序号	类别	分类	作业方式	细类	项目	风险等级
29	旁路作业	第四类	综合不停电作业	旁路类	不停电更换柱上变压器	Ⅲ
30	旁路作业	第四类	综合不停电作业	旁路类	旁路作业检修架空线路	Ⅲ
31	旁路作业	第四类	综合不停电作业	旁路类	旁路作业检修电缆线路	Ⅲ
32	旁路作业	第四类	综合不停电作业	旁路类	旁路作业检修环网柜	Ⅲ
33	旁路作业	第四类	综合不停电作业	取电类	从环网箱式变压器（架空线路）等设备临时取电给环网箱式变压器、移动箱式变压器供电	Ⅲ

5.1 引线类项目

常见的 10kV 配网不停电作业引线类项目如下。

（1）带电断、接熔断器上引线；

（2）带电断、接分支线路引线；

（3）带电断、接耐张杆引线；

（4）带电断、接空载电缆线路与架空线路连接引线等。

"断、接"引线作业所用线夹、绝缘锁杆和线夹安装专用工具如图 5-1 所示，根据断、接引线所用的线夹不同可将断接引线类项目分为以下两类。

（1）采用如"C 型线夹、J 型线夹、H 型线夹、并沟线夹"+绝缘锁杆+线夹安装专用工具"断接"引线类项目，作业方法包括绝缘手套作业法、绝缘杆作业法；

（2）采用如"猴头线夹、马镫线夹"等带电装卸线夹+伸缩式绝缘锁杆等"断接"引线类项目，这种采用连接牢靠的"带电装卸线夹"+伸缩式绝缘锁杆的作业方法，可使线夹"金具"与线夹"安装专用工具"合二为一，大大提高了作业工效，包括绝缘手套作业法、绝缘杆作业法，以及绝缘斗臂车作业、绝缘平台作业以及登杆作业等。

线夹安装专用工具包括：①"C 型线夹、J 型线夹、H 型线夹、并沟线夹"配置的线夹安装专用工具，如图 5-1（c）所示；②"猴头线夹、马镫线夹"等带电装卸线夹配置的"伸缩式绝缘锁杆"作为线夹安装专用工具，如图 5-1（a）所示。

带电"断、接"引线类项目的作业流程归纳如下：

（1）拆除线夹法"断"引线类项目的作业流程，如图 5-2（a）所示。①绝缘吊杆固定在主导线上；②绝缘锁杆将待断引线固定；③剪断引线或拆除线夹；④绝缘锁杆（连同引线）固定在绝缘吊杆下端处；⑤三相引线按相同方法全部断开后再一并拆除。

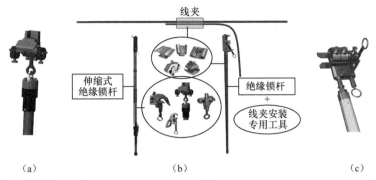

图 5-1　"断、接"引线作业所用线夹、绝缘锁杆和线夹安装专用工具

（a）伸缩式绝缘锁杆安装猴头线夹外形图；（b）线夹与绝缘锁杆外形图；（c）并购线夹安装专用工具外形图

（2）安装线夹法"接"引线类项目的作业流程，如图 5-2（b）所示。①绝缘吊杆固定在主导线上；②绝缘锁杆（连同引线）固定在绝缘吊杆下端处；③绝缘锁杆将待接引线固定在导线上；④安装线夹；⑤三相引线按相同方法完成全部搭接操作。

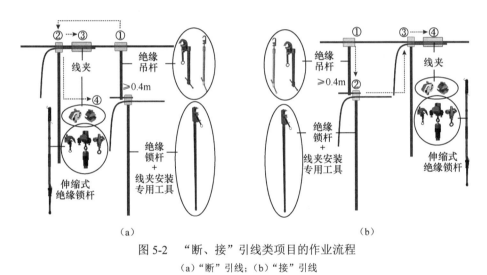

图 5-2　"断、接"引线类项目的作业流程

（a）"断"引线；（b）"接"引线

5.1.1　带电断、接熔断器上引线

带电断、接熔断器上引线如图 5-3 所示，具体包括如下内容：

（1）绝缘杆作业法（登杆作业，或在绝缘斗臂车的工作斗或其他绝缘平台上采用）带电断、接熔断器上引线，第一类简单项目，风险等级Ⅳ级，编制作业指导卡；

（2）绝缘手套作业法（绝缘斗臂车作业，或在其他绝缘平台上采用）带电断、接熔断器上引线，第二类简单项目，风险等级Ⅳ级，编制作业指导卡。

5.1.2　带电断、接分支线路引线

带电断、接分支线路引线如图 5-4 所示，具体包括如下内容：

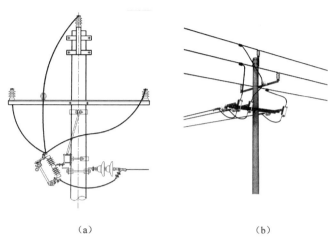

（a）　　　　　　　　（b）

图 5-3　带电断、接熔断器上引线（三角排列）示意图

（a）杆头正视图；（b）杆头外形图

（1）绝缘杆作业法（登杆作业，或在绝缘斗臂车的工作斗或其他绝缘平台上采用）带电断、接分支线路引线，第一类简单项目，风险等级Ⅳ，编制作业指导卡；

（2）绝缘手套作业法（绝缘斗臂车作业，或在其他绝缘平台上采用）带电断、接分支线路引线，第二类简单项目，风险等级Ⅳ，编制作业指导卡。

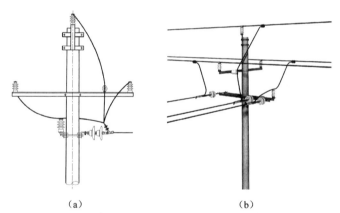

（a）　　　　　　　　（b）

图 5-4　带电断、接分支线路引线（三角排列）示意图

（a）杆头正视图；（b）杆头外形图

5.1.3　带电断、接耐张杆引线

带电断、接耐张杆引线如图 5-5 所示，具体包括如下内容：

（1）绝缘杆作业法（登杆作业，或在绝缘斗臂车的工作斗或其他绝缘平台上采用）带电断、接耐张杆引线，第一类简单项目，风险等级Ⅳ，编制作业指导卡；

（2）绝缘手套作业法（绝缘斗臂车作业，或在其他绝缘平台上采用）带电断、接耐张杆引线，第二类简单项目，风险等级Ⅳ级，编制作业指导卡。

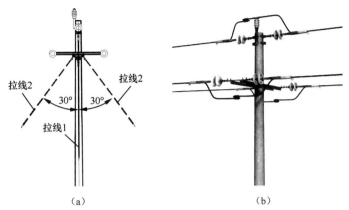

图 5-5　带电断、接耐张杆引线（三角排列）示意图

（a）杆头正视图；（b）杆头外形图

5.1.4　带电断、接空载电缆线路与架空线路连接引线

带电断、接空载电缆线路与架空线路连接引线如图 5-6 所示，具体包括如下内容：

（1）绝缘杆作业法（登杆作业，或在绝缘斗臂车的工作斗或其他绝缘平台上采用）带电断、接空载电缆线路与架空线路连接引线，第三类复杂项目，风险等级Ⅲ级，编制施工方案（作业指导书）；

（2）绝缘手套作业法（绝缘斗臂车作业，或在其他绝缘平台上采用）带电断、接空载电缆线路与架空线路连接引线，第三类复杂项目，风险等级Ⅲ级，编制施工方案（作业指导书）。

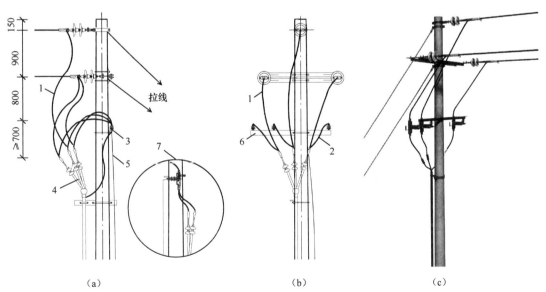

（a）　　　　　　　　　　（b）　　　　　　　　　　（c）

图 5-6　带电断、接空载电缆线路与架空线路连接引线（终端杆，安装支柱型避雷器）示意图

（a）杆头正视图；（b）杆头侧视图；（c）杆头外形图

1—导线引线；2—避雷器上引线；3—支柱型避雷器；4—户外电缆终端；5—接地引下线；6—避雷器支架；
7—支柱型避雷器安装图

5.2 元件类项目

10kV 配网不停电作业元件类项目常见的有：带电更换直线杆绝缘子及横担；带电更换耐张杆绝缘子串及横担；带负荷更换导线非承力线夹。

5.2.1 带电"更换"直线杆绝缘子及横担

绝缘手套作业法（绝缘斗臂车作业）带电"更换"直线杆绝缘子，如图 5-7 所示，第二类简单项目，风险等级Ⅳ级，编制作业指导卡。

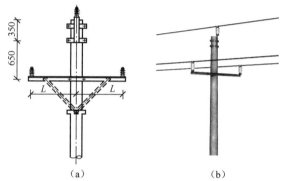

（a） （b）

图 5-7 带电"更换"直线杆绝缘子（三角排列）示意图

（a）杆头正视图；（b）杆头外形图

5.2.2 带电"更换"耐张杆绝缘子串及横担

绝缘手套作业法（绝缘斗臂车作业）带电"更换"耐张杆绝缘子串及横担，如图 5-8 所示，第二类简单项目，风险等级Ⅳ级，编制作业指导卡。

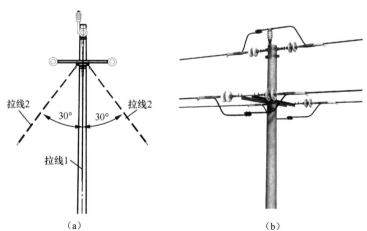

（a） （b）

图 5-8 带电"更换"耐张杆绝缘子串及横担示意图

（a）杆头正视图；（b）杆头外形图

5.2.3 带负荷"更换"导线非承力线夹

绝缘手套作业法+绝缘引流线法（绝缘斗臂车作业）带负荷"更换"导线非承力线夹，如图 5-9 所示，第三类复杂项目，风险等级Ⅲ级，编制施工方案（作业指导书）。

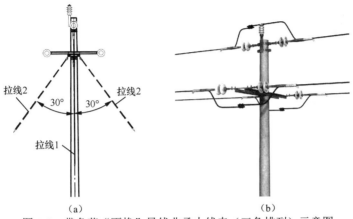

图 5-9 带负荷"更换"导线非承力线夹（三角排列）示意图

（a）杆头正视图；（b）杆头外形图

5.3 电杆类项目

10kV 配网不停电作业电杆类项目常见的有：带电"组立或撤除"直线电杆；带电"更换"直线电杆；带电直线杆"改"终端杆；带负荷直线杆改耐张杆。

5.3.1 带电"组立或撤除"直线电杆

绝缘手套作业法（绝缘斗臂车+吊车作业）带电"组立或撤除"直线电杆，如图 5-10 所示，第三类复杂项目，风险等级Ⅲ级，编制施工方案（作业指导书）。

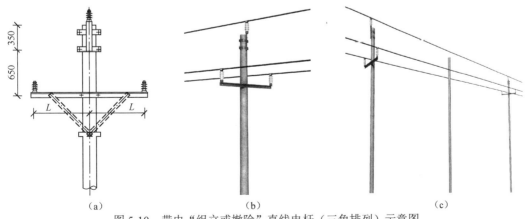

图 5-10 带电"组立或撤除"直线电杆（三角排列）示意图

（a）杆头正视图；（b）杆头外形图；（c）架空线路图

5.3.2 带电"更换"直线电杆

绝缘手套作业法（绝缘斗臂车+吊车作业）带电"更换"直线电杆，如图 5-11 所示，第三类复杂项目，风险等级Ⅲ级，编制施工方案（作业指导书）。

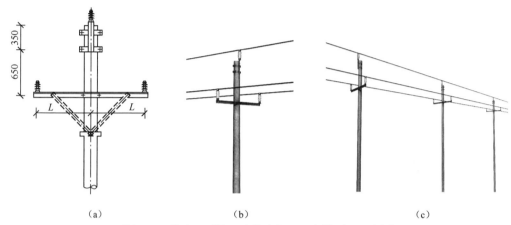

（a） （b） （c）

图 5-11 带电"更换"直线电杆（三角排列）示意图
（a）杆头正视图；（b）杆头外形图；（c）架空线路图

5.3.3 带电直线杆"改"终端杆

绝缘手套作业法+绝缘横担法（绝缘斗臂车作业）带电直线杆"改"终端杆，如图 5-12 所示，第三类复杂项目，风险等级Ⅲ级，编制施工方案（作业指导书）。

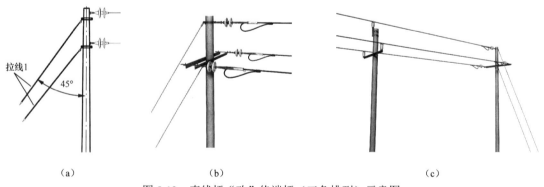

（a） （b） （c）

图 5-12 直线杆"改"终端杆（三角排列）示意图
（a）杆头正视图；（b）杆头外形图；（c）架空线路图

5.3.4 带负荷直线杆改耐张杆

绝缘手套作业法+旁路作业法+绝缘横担法（绝缘斗臂车作业）带负荷直线杆"改"耐张杆，如图 5-13 所示，第三类复杂项目，风险等级Ⅲ级，编制施工方案（作业指导书）。

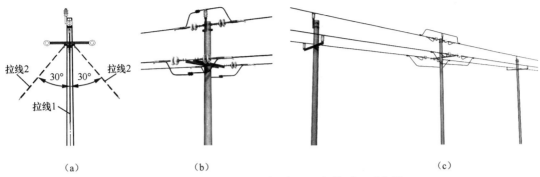

（a）　　　　　　　　　（b）　　　　　　　　　（c）

图 5-13　直线杆"改"耐张杆（三角排列）示意图

（a）杆头正视图；（b）杆头外形图；（c）架空线路图

5.4　设备类项目

10kV 配网不停电作业设备类项目常见的有：带电"更换"避雷器、带电"更换"熔断器、带负荷"更换"熔断器、带电"更换"隔离开关、带电"更换"柱上开关（断路器、负荷开关）、带负荷"更换或加装"隔离开关、带负荷"更换或加装"柱上开关（断路器、负荷开关）等。其中：

（1）不带负荷类项目（通常称为带电更换××项目），是指配电线路处于"带电状态"，需更换设备处于"断开（拉开、开口）"状态的作业项目，更换"设备处不带负荷"；

（2）带负荷类项目（通常称为带负荷更换××项目），是指需更换设备处于"闭合（合上、闭口）"状态的作业项目。应当注意的是：带负荷类项目必须保证在短接设备前，需更换设备处于可靠的"闭合"状态下方可进行。

生产中，对于更换柱上开关或隔离开关项目，常采用在主导线处"断、接"引线法进行更换。其中，开关连接引线可采用如图 5-14 所示的搭接形式；开关连接引线临时固定方式可采用图 5-15 所示的绝缘吊杆+绝缘锁杆法进行。

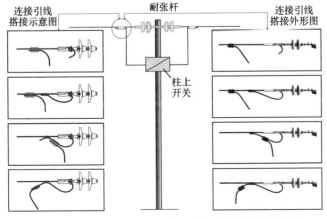

图 5-14　柱上开关或隔离开关"连接引线搭接"形式图

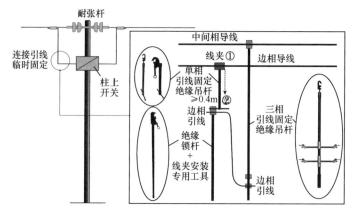

图 5-15　柱上开关或隔离开关"连接引线临时固定"方式示意图

5.4.1　带电"更换"避雷器

绝缘手套作业法（绝缘斗臂车作业）带电"更换"避雷器，如图 5-16 所示，第二类简单项目，风险等级Ⅳ级，编制作业指导卡。

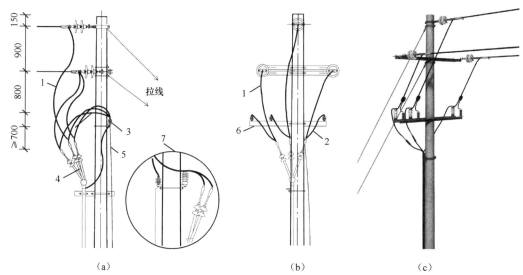

（a）　　　　　　　　　　（b）　　　　　　　　　　（c）

图 5-16　带电"更换"避雷器（终端杆，安装氧化锌避雷器）示意图

（a）杆头正视图；（b）杆头侧视图；（c）杆头外形图

1—导线引线；2—避雷器上引线；3—合成氧化锌避雷器；4—户外电缆终端；
5—接地引下线；6—避雷器支架；7—氧化锌避雷器安装图

5.4.2　带电"更换"熔断器 1

带电"更换"熔断器 1，如图 5-17 所示，包括：

（1）绝缘杆作业法（登杆作业）带电"更换"熔断器，第三类复杂项目，风险等级Ⅲ级，编制施工方案（作业指导书）；

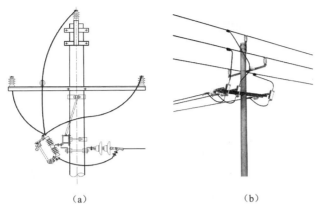

图 5-17　带电"更换"熔断器 1（分支杆，三角排列）示意图

（a）杆头正视图；（b）杆头外形图

（2）绝缘手套作业法（绝缘斗臂车作业）带电"更换"熔断器，第二类简单项目，风险等级Ⅳ级，编制作业指导卡。

5.4.3　带电"更换"熔断器 2

绝缘手套作业法（绝缘斗臂车作业）带电"更换"熔断器 2，如图 5-18 所示，第二类简单项目，风险等级Ⅳ级，编制作业指导卡。

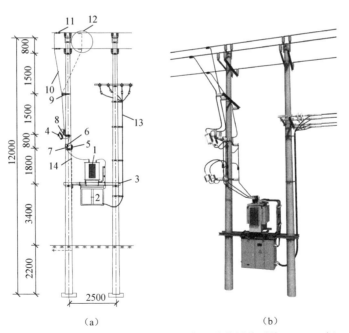

图 5-18　带电"更换"熔断器 2（变压器台杆，变压器侧装，绝缘导线引线，12m 双杆，三角排列）示意图

（a）杆头正视图；（b）杆头外形图

1—柱上变压器；2—JP 柜（低压综合配电箱）；3—变压器双杆支持架；4—跌落式熔断器；5—普通型避雷器或可拆卸避雷器；6—绝缘穿刺接地线夹；7—绝缘压接线夹；8—熔断安装架；9—线路柱式瓷绝缘子；10—高压绝缘线；11—选用异性并购线夹；12—选用带电装拆线夹；13—低压电缆或低压绝缘线；14—接地引下线

5.4.4 带负荷"更换"熔断器3

绝缘手套作业法（绝缘斗臂车作业）带负荷"更换"熔断器3，如图5-19所示，第三类复杂项目，风险等级Ⅲ级，编制施工方案（作业指导书）。

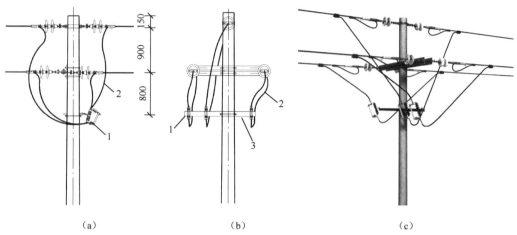

（a）   （b）   （c）

图5-19 带负荷"更换"熔断器3（耐张杆，三角排列）示意图

（a）杆头正视图；（b）杆头侧视图；（c）杆头外形图

1—跌落式熔断器；2—导线引线；3—跌落式熔断器支架

5.4.5 带电"更换"隔离开关

绝缘手套作业法（绝缘斗臂车作业）带电"更换"隔离开关，如图5-20所示，第二类简单项目，风险等级Ⅳ级，编制作业指导卡。

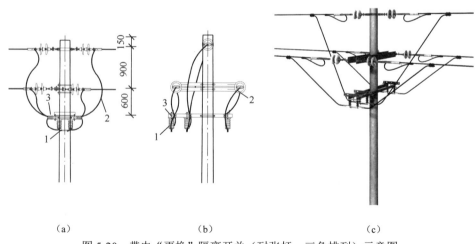

（a）   （b）   （c）

图5-20 带电"更换"隔离开关（耐张杆，三角排列）示意图

（a）杆头正视图；（b）杆头侧视图；（c）杆头外形图

1—隔离开关；2—导线引线；3—线路柱式瓷绝缘子

5.4.6　带电"更换"柱上开关

绝缘手套作业法（绝缘斗臂车作业）带电"更换"柱上开关，如图 5-21 所示，第二类简单项目，风险等级Ⅳ级，编制作业指导卡。

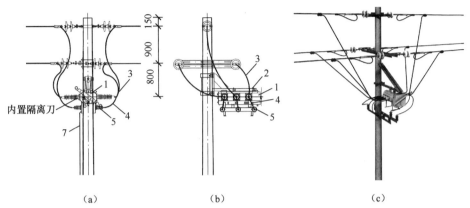

（a）　　　　　　　　　（b）　　　　　　　　　（c）

图 5-21　带电"更换"柱上断路器（三角排列，内置隔离刀）示意图

（a）杆头正视图；（b）杆头侧视图；（c）杆头外形图

1—柱上断路器；2—开关支架；3—导线引线；4—避雷器上引线；

5—合成氧化锌避雷器；6—开关标识牌（图中未标示）；7—接地引下线

5.4.7　带负荷"更换"隔离开关

带负荷"更换"隔离开关，如图 5-22 所示，第三类复杂项目，风险等级Ⅲ级，编制施工方案（作业指导书），包括：

（1）绝缘手套作业法+绝缘引流线法（绝缘斗臂车作业）带负荷"更换"隔离开关；

（2）绝缘手套作业法+旁路作业法（绝缘斗臂车作业）带负荷"更换"柱上开关。

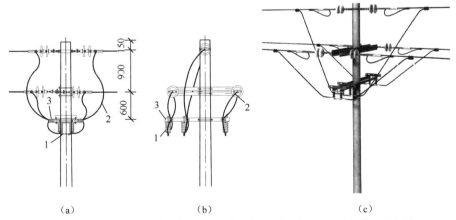

（a）　　　　　　　　　（b）　　　　　　　　　（c）

图 5-22　带负荷"更换或加装"隔离开关（耐张杆，三角排列）示意图

（a）杆头正视图；（b）杆头侧视图；（c）杆头外形图

1—隔离开关；2—导线引线；3—线路柱式瓷绝缘子

5.4.8 带负荷"更换"柱上开关1

带负荷"更换"柱上开关1，如图5-23所示，第三类复杂项目，风险等级Ⅲ级，编制施工方案（作业指导书），包括：

（1）绝缘手套作业法+旁路作业法（绝缘斗臂车作业）带负荷"更换"柱上开关1；

（2）绝缘手套作业法+桥接施工法（绝缘斗臂车作业）带负荷"更换"柱上开关1。

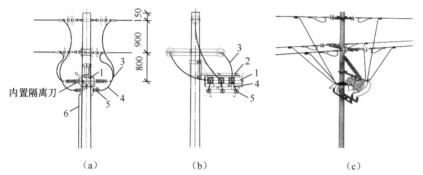

（a）　　　　　　　　（b）　　　　　　　　（c）

图5-23　带负荷"更换"柱上开关1（三角排列，内置隔离刀）或负荷开关示意图

（a）杆头正视图；（b）杆头侧视图；（c）杆头外形图

1—柱上断路器；2—开关支架；3—导线引线；4—避雷器上引线；
5—合成氧化锌避雷器；6—接地引下线

5.4.9 带负荷"更换"柱上开关2

绝缘手套作业法+旁路作业法（绝缘斗臂车作业）带负荷"更换"柱上开关2，如图5-24所示，第三类复杂项目，风险等级Ⅲ级，编制施工方案（作业指导书），包括：

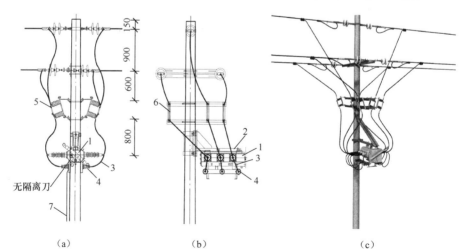

（a）　　　　　　　　（b）　　　　　　　　（c）

图5-24　带负荷"更换"柱上开关2（三角排列，外加两侧隔离开关）或负荷开关示意图

（a）杆头正视图；（b）杆头侧视图；（c）杆头外形图

1—柱上断路器；2—开关支架；3—避雷器上引线；4—合成氧化锌避雷器；
5—隔离开关；6—隔离开关安装支架；7—接地引下线

5.4.10　带负荷"更换"柱上开关 3

绝缘手套作业法+旁路作业法（绝缘斗臂车作业）带负荷"更换"柱上开关 3，如图 5-25 所示，第三类复杂项目，风险等级Ⅲ级，编制施工方案（作业指导书）。

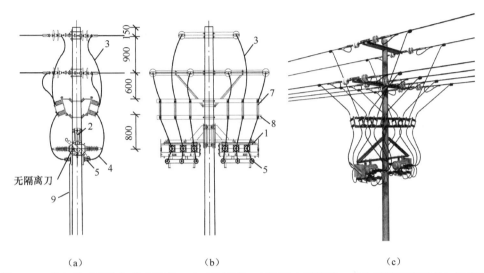

（a）　　　　　　　　　　　（b）　　　　　　　　　　　（c）

图 5-25　带负荷"更换"柱上开关 3（三角排列，双回柱上断路器，外加两侧隔离开关）示意图

（a）杆头正视图；（b）杆头侧视图；（c）杆头外形图

1—柱上断路器；2—开关支架；3—导线引线；4—避雷器上引线；5—合成氧化锌避雷器；
6—开关标识牌（图中未标示）；7—隔离开关；8—隔离开关安装支架；9—接地引下线

5.4.11　带负荷直线杆改耐张杆并"加装"柱上开关

绝缘手套作业法+旁路作业法（绝缘斗臂车作业）带负荷直线杆改耐张杆并"加装"柱上开关，如图 5-26 所示，第Ⅳ类复杂项目，风险等级Ⅲ级，编制施工方案（作业指导书）。

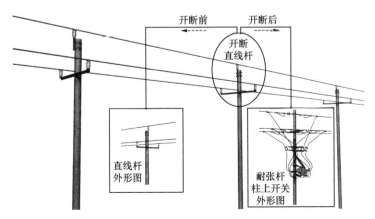

图 5-26　带负荷直线杆改耐张杆并"加装"柱上开关示意图

5.5 消 缺 类 项 目

10kV 配网不停电作业消缺类项目主要分为：绝缘杆作业法和绝缘手套作业法两大类，如图 5-27 所示。

（a）　　　　　　　　　　　　　　　（b）

图 5-27　绝缘杆作业法和绝缘手套作业法带电"普通消缺及装拆附件类"项目
（a）主线路；（b）分支线

5.5.1 绝缘杆作业法带电普通消缺及装拆附件

绝缘杆作业法带电普通消缺及装拆附件项目包括如下内容：

（1）修剪树枝、清除异物、扶正绝缘子、拆除退役设备，第一类简单项目，风险等级 IV 级，编制作业指导卡；

（2）加装或拆除接触设备套管、故障指示器、驱鸟器等，第一类简单项目，风险等级 IV 级，编制作业指导卡。

5.5.2 绝缘手套作业法带电普通消缺及装拆附件

绝缘手套作业法带电普通消缺及装拆附件项目包括如下内容：

（1）清除异物、扶正绝缘子、修补导线及调节导线弧垂、处理绝缘子异响、拆除退役设备、更换拉线、拆除非承力线夹，第二类简单项目，风险等级 IV 级，编制作业指导卡；

（2）加装接地环，第二类简单项目，风险等级 IV 级，编制作业指导卡；

（3）加装或拆除接触设备套管、故障指示器、驱鸟器等，第二类简单项目，风险等级 IV 级，编制作业指导卡。

5.6 旁 路 类 项 目

10kV 配网不停电作业旁路类项目常见的有：不停电更换柱上变压器；旁路作业检修架空线路；旁路作业检修电缆线路；旁路作业"检修"环网箱等。

5.6.1 不停电更换柱上变压器

不停电更换柱上变压器如图5-28所示，第Ⅳ类复杂项目，风险等级Ⅲ级，编制施工方案（作业指导书），具体包括如下内容：

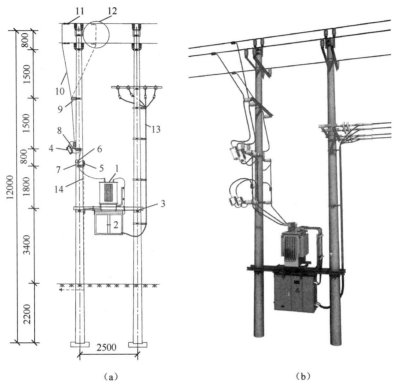

图 5-28 柱上变压器（变压器台杆，变压器侧装，绝缘导线引线，12m双杆，Ⅲ角排列）示意图

（a）杆头正视图；（b）杆头外形图

1—柱上变压器；2—JP柜（低压综合配电箱）；3—变压器双杆支持架；4—跌落式熔断器；5A—普通型避雷器或可拆卸避雷器；
6—绝缘穿刺接地线夹；7—绝缘压接线夹；8—熔断器安装架；9—线路柱式瓷绝缘子；10—高压绝缘线；
11—选用异性并购线夹；12—选用带电装拆线夹；13—低压电缆或低压绝缘线；14—接地引下线

（1）不停电更换柱上变压器（绝缘斗臂车+发电车作业）如图5-29所示。

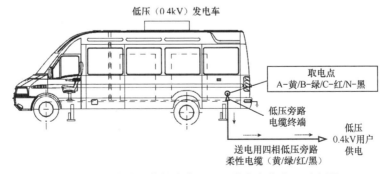

图 5-29 不停电更换柱上变压器（发电车作业）示意图

（2）不停电更换柱上变压器（绝缘斗臂车+移动箱变车作业）如图5-30所示。

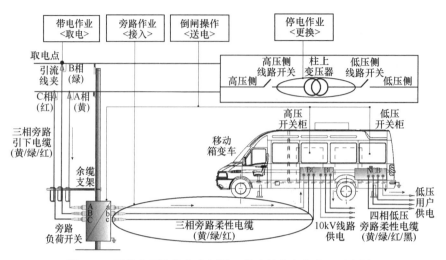

图 5-30　不停电更换柱上变压器（移动箱变车作业）示意图

5.6.2　旁路作业检修架空线路

旁路作业检修架空线路（绝缘斗臂车+旁路设备作业）如图 5-31 所示，第Ⅳ类复杂项目，风险等级Ⅲ级，编制施工方案（作业指导书）。

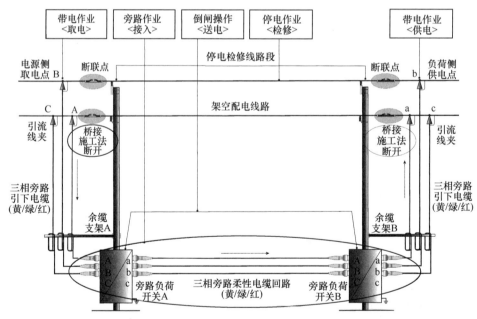

图 5-31　旁路作业检修架空线路示意图

5.6.3　旁路作业检修电缆线路

旁路作业"检修"电缆线路（旁路设备作业）如图 5-32 所示，第Ⅳ类复杂项目，风险等级Ⅲ级，编制施工方案（作业指导书）。

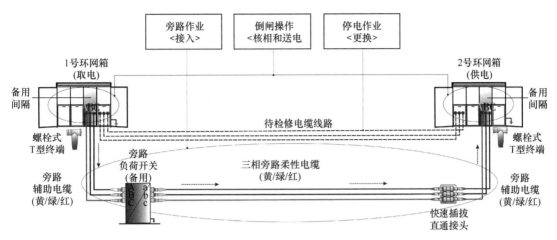

图 5-32　旁路作业检修电缆线路示意图

5.6.4　旁路作业检修环网箱

（1）旁路作业检修环网箱（旁路设备作业）如图 5-33 所示，第Ⅳ类复杂项目，风险等级Ⅲ级，编制施工方案（作业指导书）。

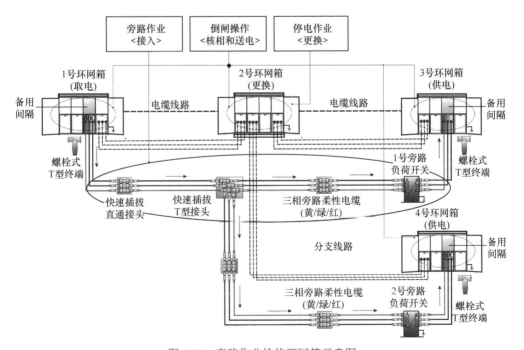

图 5-33　旁路作业检修环网箱示意图

（2）旁路作业检修环网箱（旁路设备+电缆转换接头+移动环网柜车作业）如图 5-34 所示，第Ⅳ类复杂项目，风险等级Ⅲ级，编制施工方案（作业指导书）。

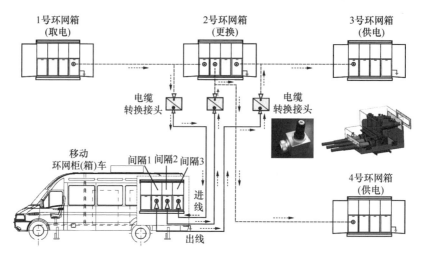

图 5-34 采用"电缆转接头+移动环网柜车"旁路作业检修环网箱作业示意图

5.7 取 电 类 项 目

10kV 配网不停电作业取电类项目常见的有:从架空线路"临时取电"给移动箱变供电;从架空线路"取电"给环网箱供电;从环网箱"临时取电"给移动箱变;从环网箱"临时取电"给环网箱供电。

5.7.1 从架空线路临时取电给移动箱变供电

从架空线路临时取电给移动箱变供电(绝缘斗臂车+移动箱变作业)如图 5-35 所示,第 IV 类复杂项目,风险等级 III 级,编制施工方案(作业指导书)。

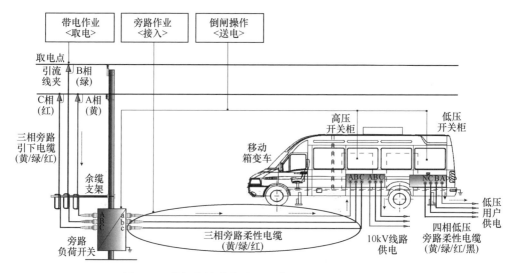

图 5-35 从架空线路临时取电给移动箱变供电示意图

5.7.2 从架空线路临时取电给环网箱供电

从架空线路临时取电给环网箱供电（绝缘斗臂车作业），如图 5-36 所示，第Ⅳ类复杂项目，风险等级Ⅲ级，编制施工方案（作业指导书）。

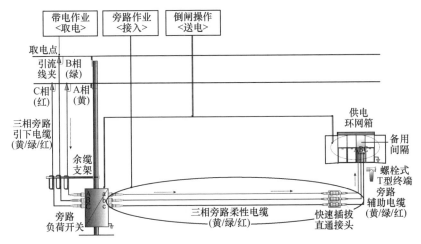

图 5-36 从架空线路临时取电给环网箱供电示意图

5.7.3 从环网箱临时取电给移动箱变

从环网箱临时取电给移动箱变（旁路设备作业）如图 5-37 所示，第Ⅳ类复杂项目，风险等级Ⅲ级，编制施工方案（作业指导书）。

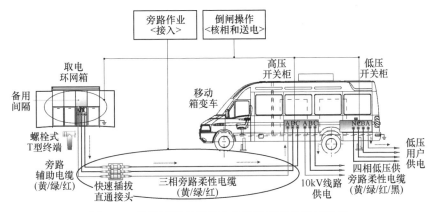

图 5-37 从环网箱临时取电给移动箱变供电示意图

5.7.4 从环网箱"临时取电"给环网箱供电

从环网箱"临时取电"给环网箱供电（旁路设备作业）如图 5-38 所示，第Ⅳ类复杂项目，风险等级Ⅲ级，编制施工方案（作业指导书）。

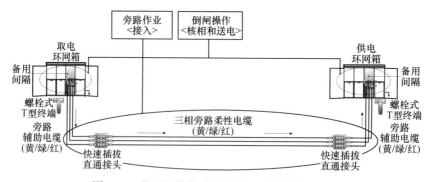

图 5-38　从环网箱临时取电给环网箱供电示意图

5.8　发电类项目

10kV 配网不停电作业发电类项目，依据《"微网"发电作业通用运行规程》（Q/GDW 06 10027—2020）常见的有：①中压发电车单机停电接入发电作业；②中压发电车单机带电接入发电作业；③中压发电车并机停电接入发电作业；④中压发电车并机带电接入发电作业；⑤中低压发电车协同停电接入发电作业；⑥中低压发电车协同带电接入发电作业；⑦中压发电车与移动箱变车协同停电接入发电作业；⑧中压发电车与移动箱变车协同带电接入发电作业。

5.8.1　中压发电车单机停电接入发电作业

（1）选用原则。中压发电车单机停电接入发电作业如图 5-39 所示，10kV 线路发生故障停电或非计划停电，分段/分界开关后段负荷无法通过联络线路转供。单台中压发电车额定功率满足停电区域内最大负荷要求，应选用中压发电车单机停电接入发电作业。

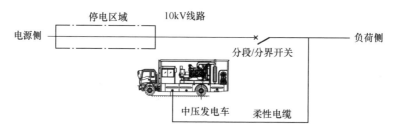

图 5-39　中压发电车单机停电接入发电作业示意图

（2）中压发电车单机停电接入流程：①中压发电车就位后，检查确认线路分段/分界开关、发电车各开关和刀闸处于分闸位置，线路分段/分界开关操作方式调整为"就地"模式，正确安装发电车接地线；②验明分段/分界开关负荷侧线路确无电压，按照相序使用柔性电缆将中压发电车和线路分段/分界开关负荷侧线路连接；③按照中压发电车操作流程启动发电机组开始发电作业。

（3）中压发电车单机停电退出流程：①发电作业结束后，关停发电机组，拉开发电车各开关和刀闸；②拆除柔性电缆并对地放电，拆除发电车接地线；③线路分段/分界开关操作方式调整为"远程"模式，远程合上线路分段/分界开关，线路恢复正常运行方式。

5.8.2　中压发电车单机带电接入发电作业

（1）选用原则。中压发电车单机带电接入发电作业如图 5-40 所示，10kV 线路部分区段计划检修，分段/分界开关后段负荷无法通过联络线路转供。单台中压发电车额定功率满足发电区域最大负荷要求，应选用中压发电车单机带电接入发电作业。

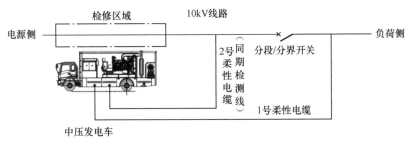

图 5-40　中压发电车单机带电接入发电作业示意图

（2）中压发电车单机带电接入流程：①中压发电车就位后，检查确认线路分段/分界开关处于合闸位置，发电车各开关和刀闸处于分闸位置，正确安装发电车接地线；② 按照相序，使用 1、2 号柔性电缆将中压发电车分别和线路分段/分界开关负荷侧、电源侧的导线连接；③按照中压发电车操作流程，发电车内部形成旁路，远程拉开线路分段/分界开关，并将操作模式调整为"就地"，由发电车旁路带检修线路运行；④启动发电机组，检同期后与电网并列运行；⑤发电车与电网解列，由发电车独立带分段/分界开关负荷侧线路运行。

（3）中压发电车单机带电退出流程：①发电作业结束后，检查线路分段/分界开关电源侧带电；② 按照中压发电车操作流程，检同期后由发电车旁路带检修线路，发电机组与电网并列运行；③关停发电机组，与电网解列；④将线路分段/分界开关操作模式调整为"远程"，远程合上线路分段/分界开关；⑤拉开发电车各开关柜开关和刀闸，拆除 1、2 号柔性电缆并对地放电，拆除发电车接地线，线路恢复正常运行方式。

5.8.3　中压发电车并机停电接入发电作业

（1）选用原则。中压发电车并机停电接入发电作业如图 5-41 所示，10kV 线路发生故障停电或非计划停电，分段/分界开关后段负荷无法通过联络线路转供。单台中压发电车额定功率不满足停电区域最大负荷要求，应根据最大负荷要求测算所需中压发电车台数和组合方式，选用中压发电车并机停电接入发电作业。

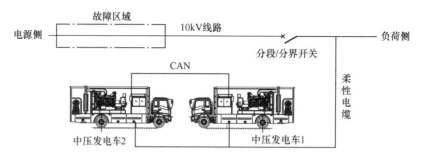

图 5-41　中压发电车并机停电接入发电作业示意图（CAN-并机通信线）

（2）中压发电车并机停电接入流程：①中压发电车就位后，检查确认线路分段/分界开关、发电车各开关和刀闸处于分闸位置，线路分段/分界开关操作方式调整为"就地"模式，正确安装各发电车接地线；② 连接各发电车之间通信线和柔性电缆；③验明分段/分界开关负荷侧确无电压，按照相序使用柔性电缆将中压发电车 1 和线路分段/分界开关负荷侧线路连接；④按照中压发电车操作流程启动发电机组开始发电作业。

（3）中压发电车并机停电退出流程：①发电作业结束后，关停各发电机组，拉开发电车各开关和刀闸；② 拆除柔性电缆并对地放电，拆除发电车之间通信线，拆除各发电车接地线；③线路分段/分界开关操作方式调整为"远程"模式，远程合上线路分段/分界开关，线路恢复正常运行方式。

5.8.4　中压发电车并机带电接入发电作业

（1）选用原则。中压发电车并机带电接入发电作业如图 5-42 所示，10kV 线路部分区段计划检修，分段/分界开关后段负荷无法通过联络线路转供。单台中压发电车额定功率不满足发电区域最大负荷要求，应根据最大负荷要求测算所需中压发电车台数和组合方式，选用中压发电车并机带电接入发电作业。

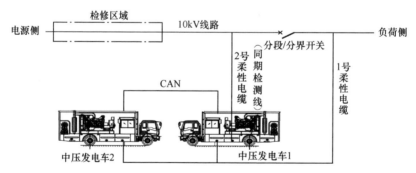

图 5-42　中压发电车并机带电接入发电作业示意图（图中 CAN-并机通信线）

（2）中压发电车并机带电接入流程：①中压发电车就位后，检查确认线路分段/分界开关处于合闸位置，发电车各开关和刀闸处于分闸位置，正确安装各发电车接地线；② 连接各发电车之间通信线和柔性电缆；③按照相序，使用 1、2 号柔性电缆将中压发电车 1 分别和线路分段/分界开关的负荷侧、电源侧连接；④按照中压发电车操作流程，发电车内部形成旁路，远程拉开线路分段/分界开关，并将操作模式调整为"就地"，由发电车旁路带检修线路运行；⑤启动各发电机组，检同期后与电网并列运行；⑥发电车与电网解列，由发电车独立带分段/分界开关负荷侧线路运行。

（3）中压发电车并机带电退出流程：①发电作业结束后，检查线路分段/分界开关电源侧带电；② 按照中压发电车操作流程，检同期后由发电车旁路带检修线路，发电机组与电网并列运行；③关停发电机组，与电网解列；④将线路分段/分界开关操作模式调整为"远程"，远程合上线路分段/分界开关；⑤拉开发电车各开关柜开关和刀闸，拆除1、2 号柔性电缆和各发电车之间柔性电缆并对地放电，拆除各发电车之间通信线，拆除发电车接地线，线路恢复正常运行方式。

5.8.5　中低压发电车协同停电接入发电作业

（1）选用原则。中低压发电车协同停电接入发电作业如图 5-43 所示，10kV 线路发生故障停电或非计划停电，分段/分界开关后段负荷无法通过联络线路转供。部分线路末端台区距离中压发电车较远，电压质量不合格，或部分台区配变同时发生故障，应根据最大负荷要求测算所需中压发电车台数和组合方式，选用中低压发电车协同停电接入发电作业。在保证人身和设备安全的前提下，应确保台区计量和采集装置工作正常。对电压质量不合格台区，低压发电车接入点应优先选择停电台区低压总开关的电源侧；对配变故障台区，低压发电车接入点应优先选择停电台区低压总开关的负荷侧。

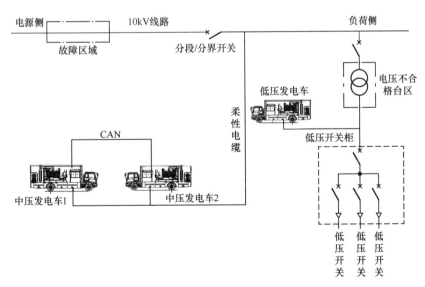

图 5-43　中低压发电车协同停电接入发电作业示意图（CAN-并机通信线）

（2）中低压发电车协同停电接入流程：①中、低压发电车就位后，检查确认线路分段/分界开关、发电车各开关和刀闸处于分闸位置，线路分段/分界开关操作方式调整为"就地"

模式，正确安装各发电车接地线；②检查电压不合格或配变故障台区高、低压侧开关处于分闸位置；③使用低压柔性电缆将低压发电车接入台区指定位置，核相正确后，启动低压发电车发电机组，合上台区低压开关开始发电作业；④连接各中压发电车之间通信线和柔性电缆；⑤验明分段/分界开关负荷侧确无电压，按照相序使用柔性电缆将中压发电车1和线路分段/分界开关负荷侧线路连接；⑥按照中压发电车操作流程启动发电机组开始发电作业。

（3）中低压发电车协同停电退出流程：①发电作业结束后，关停各中压发电车发电机组，拉开中压发电车各开关和刀闸；②拆除柔性电缆并对地放电，拆除中压发电车之间通信线，拆除各中压发电车接地线；③线路分段/分界开关操作方式调整为"远程"模式，远程合上线路分段/分界开关，线路恢复正常运行方式；④关停低压发电车发电机组，拆除低压柔性电缆并对地放电，拆除低压发电车接地线；⑤合上台区配变高、低压侧开关，台区恢复正常供电。

5.8.6 中低压发电车协同带电接入发电作业

（1）选用原则。中低压发电车协同带电接入发电作业如图 5-44 所示，10kV 线路部分区段计划检修，分段/分界开关后段负荷无法通过联络线路转供。部分线路末端台区距离中压发电车较远、用户电压质量不合格，或部分台区配变同时安排检修，应根据最大负荷要求测算所需中压发电车台数和组合方式，选用中低压发电车协同带电接入发电作业。在保证人身和设备安全的前提下，应确保台区计量和采集装置工作正常。对电压质量不合格台区，低压发电车接入点应优先选择停电台区低压总开关的电源侧；对配变检修台区，低压发电车接入点应优先选择停电台区低压总开关的负荷侧。

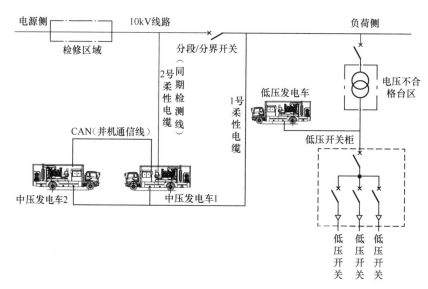

图 5-44 中低压发电车协同带电接入发电作业示意图

（2）中低压发电车协同带电接入流程：①中、低压发电车就位后，检查确认线路分段/

分界开关处于合闸位置，发电车各开关和刀闸处于分闸位置，正确安装各发电车接地线；② 拉开配变检修台区高、低压侧开关；③使用低压柔性电缆将低压发电车接入台区指定位置，核相正确后，启动低压发电车发电机组，合上台区低压开关开始发电作业；④连接各发电车之间通信线和柔性电缆；⑤按照相序，使用 1、2 号柔性电缆将中压发电车 1 分别和线路分段/分界开关的负荷侧、电源侧连接；⑥按照中压发电车操作流程，发电车内部形成旁路，远程拉开线路分段/分界开关，并将操作模式调整为"就地"由发电车旁路带检修线路运行；⑦ 启动各发电机组，检同期后与电网并列运行；⑧发电车与电网解列，由发电车独立带分段/分界开关负荷侧线路运行。

（3）中低压发电车协同带电退出流程：①检查线路分段/分界开关电源侧带电；② 按照中压发电车操作流程，检同期后由中压发电车 1 旁路带检修线路，中压发电车发电机组与电网并列运行；③关停各中压发电车发电机组，与电网解列；④将线路分段/分界开关操作模式调整为"远程"，远程合上线路分段/分界开关，线路恢复正常运行方式；⑤拆除 1、2 号柔性电缆和各中压发电车之间柔性电缆并对地放电，拆除各中压发电车之间通信线，拆除各中压发电车接地线；⑥关停低压发电车发电机组，拆除低压柔性电缆并对地放电，拆除低压发电车接地线；⑦ 合上台区配变高、低压侧开关，台区恢复正常供电。

5.8.7　中压发电车与移动箱变车协同停电接入发电作业

（1）选用原则。中压发电车与移动箱变车协同停电接入发电作业如图 5-45 所示，10kV 线路发生故障停电或非计划停电，分段/分界开关后段负荷无法通过联络线路转供。部分距离中压发电车较近（车载柔性电缆长度范围内）的台区配变同时发生故障，应根据最大负荷要求测算所需中压发电车台数和组合方式，选用中压发电车与移动箱变车协同停电接入发电作业。在保证人身和设备安全的前提下，应确保台区计量和采集装置工作正常。移动箱变车接入点应在故障停电台区低压总开关的负荷侧。

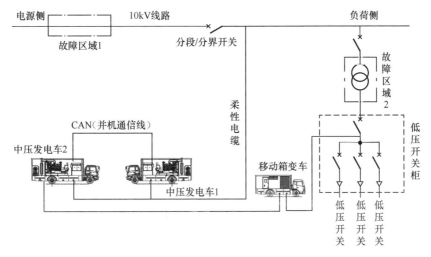

图 5-45　中压发电车与移动箱变车协同停电接入发电作业示意图

（2）中压发电车与移动箱变车协同停电接入流程：①中压发电车、移动箱变车就位后，检查确认线路分段/分界开关、发电车、箱变车各开关和刀闸处于分闸位置，线路分段/分界开关操作方式调整为"就地"模式，正确安装各发电车、箱变车接地线；②检查配变故障台区高、低压侧开关处在分闸位置；③连接各发电车之间通信线和柔性电缆；④使用柔性电缆将中压发电车2与移动箱变车连接；⑤使用低压柔性电缆将移动箱变车接入台区指定位置；⑥验明分段/分界开关负荷侧确无电压，按照相序使用柔性电缆将中压发电车1和线路分段/分界开关负荷侧线路连接；⑦按照中压发电车操作流程启动发电机组开始发电作业；⑧合上移动箱变车中、低压侧开关，为低压台区供电。

（3）中压发电车与移动箱变车协同停电退出流程：①发电作业结束后，关停各发电机组，拉开发电车各开关和刀闸；②拉开各发电车各开关柜开关及刀闸，拆除柔性电缆、低压柔性电缆并对地放电，拆除发电车之间通信线，拆除各发电车、箱变车接地线；③线路分段/分界开关操作方式调整为"远程"模式，远程合上线路分段/分界开关，线路恢复正常运行方式；④合上配变故障台区高、低压侧开关，台区恢复正常供电。

5.8.8　中压发电车与移动箱变车协同带电接入发电作业

（1）选用原则。中压发电车与移动箱变车协同带电接入发电作业如图5-46所示，10kV线路部分区段计划检修，分段/分界开关后段负荷无法通过联络线路转供。部分距离中压发电车较近（车载柔性电缆长度范围内）的台区配变同时检修，应根据最大负荷要求测算所需中压发电车台数和组合方式，选用中压发电车与移动箱变车协同带电接入发电作业。在保证人身和设备安全的前提下，应确保台区计量和采集装置工作正常。移动箱变车接入点应在配变检修台区低压总开关的负荷侧。

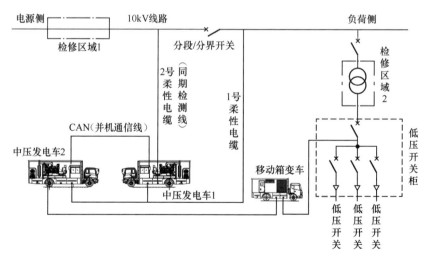

图5-46　中压发电车与移动箱变车协同带电接入发电作业示意图

（2）中压发电车与移动箱变车协同带电接入流程：①中压发电车、移动箱变车就位后，检查确认线路分段/分界开关处于合闸位置，发电车、箱变车各开关和刀闸处于分闸位置，正确安装各发电车、箱变车接地线；②连接各发电车之间通信线和柔性电缆；③使用柔性电缆将中压发电车 2 与移动箱变车连接；④拉开配变检修台区高、低压侧开关；⑤使用低压柔性电缆将移动箱变车接入台区指定位置；⑥按照相序，使用 1、2 号柔性电缆将中压发电车 1 分别和线路分段/分界开关的负荷侧、电源侧连接；⑦按照中压发电车操作流程，发电车内部形成旁路，远程拉开线路分段/分界开关，并将操作模式调整为"就地"，由发电车旁路带检修线路运行；⑧启动各发电机组，检同期后与电网并列运行；⑨发电车与电网解列，由发电车独立带分段/分界开关负荷侧线路运行；⑩合上移动箱变车中、低压侧开关，核相正确后，合上台区低压开关，为低压台区供电。

（3）中压发电车与移动箱变车协同带电退出流程：①发电作业结束后，检查线路分段/分界开关电源侧带电；② 按照中压发电车操作流程，检同期后由发电车 1 旁路带检修线路，发电机组与电网并列运行；③关停各发电机组，与电网解列；④将线路分段/分界开关操作模式调整为"远程"，远程合上线路分段/分界开关，线路恢复正常运行方式；⑤拉开各发电车各开关柜开关及刀闸，拆除 1、2 号柔性电缆和各发电车之间柔性电缆并对地放电，拆除各发电车之间通信线，拆除各发电车接地线；⑥拉开移动箱变车各开关、刀闸，拆除移动箱变车两侧柔性电缆并对地放电，拆除箱变车接地线；⑦ 合上配变检修台区高、低压侧开关，台区恢复正常供电。

第6章 配网不停电作业装备

配网不停电作业装备包括：特种车辆、个人绝缘防护用具、绝缘遮蔽用具、绝缘工具、金属工具、旁路设备、仪器仪表、其他工具等。其中，作业装备的配置、试验、保管、使用的各个环节相辅相成、有机结合、缺一不可。

6.1 装备配置要求

配网不停电作业装备的配置，依据《10kV配网不停电作业规范》（Q/GDW 10520—2016）（以下简称《作业规范》）（附录D）的规定，并结合"项目类别、作业方法、作业（人·次）"配备相应的工器具、车辆等装备，按照"最少原则"留有适当余量。下面对绝缘杆作业法项目、绝缘手套作业法项目、综合不停电作业法项目的装备配置（供参考）进行具体介绍。

6.1.1 绝缘杆作业法项目工器具及车辆配置

1. 特种车辆和登杆工具

特种车辆（移动库房车）和登杆工具（金属脚扣）如图6-1所示，特种车辆（移动库房车）和登杆工具（金属脚扣）配置见表6-1。

（a）　　　　　　　　　　（b）

图6-1　特种车辆（移动库房车）和登杆工具（金属脚扣）

（a）移动库房车；（b）脚扣

表6-1　　　　　特种车辆（移动库房车）和登杆工具（金属脚扣）配置

序号	名称		规格、型号	单位	数量	备注
1	特种车辆	移动库房车		辆	1	
2	登杆工具	金属脚扣		副	4	杆上电工使用

2. 个人绝缘防护用具

个人绝缘防护用具如图6-2所示，个人绝缘防护用具配置见表6-2。

图 6-2　个人绝缘防护用具

（a）绝缘安全帽；（b）绝缘手套+羊皮或仿羊皮保护手套；（c）绝缘服；（d）绝缘披肩；（e）护目镜；（f）安全带

表 6-2　　　　　　　　　　　　　个人绝缘防护用具配置

序号	名称		规格、型号（kV）	单位	数量	备注
1	个人绝缘防护用具	绝缘安全帽	10	顶	2	
2		绝缘手套	10	双	3	戴保护手套
3		绝缘服	10	件	2	
4		绝缘披肩	10	件	2	
5		护目镜		副	2	
6		安全带		副	2	有后背保护绳

3. 绝缘遮蔽用具

绝缘遮蔽用具如图 6-3 所示，绝缘遮蔽用具配置见表 6-3。

图 6-3　绝缘遮蔽用具

（a）绝缘杆式导线遮蔽罩；（b）绝缘杆式绝缘子遮蔽罩；（c）绝缘隔板 1（相间）；（d）绝缘隔板 2（相地）

表 6-3　　　　　　　　　　　　　绝缘遮蔽用具配置

序号	名称		规格、型号（kV）	单位	数量	备注
1	绝缘遮蔽用具	导线遮蔽罩	10	个	3	绝缘杆作业法用
2		绝缘子遮蔽罩	10	个	2	绝缘杆作业法用
3		绝缘隔板 1（相间）	10	个	3	定制选配
4		绝缘隔板 2（相地）	10	个	3	定制选配

4. 绝缘工具

绝缘工具如图 6-4 所示，绝缘工具配置见表 6-4。

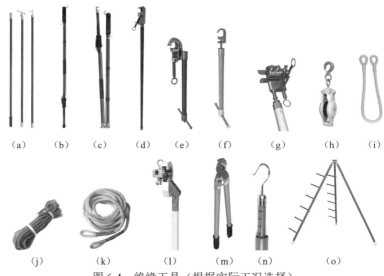

图 6-4　绝缘工具（根据实际工况选择）

（a）绝缘操作杆；（b）伸缩式绝缘锁杆（射枪式操作杆）；（c）伸缩式折叠绝缘锁杆（射枪式操作杆）；
（d）绝缘（双头）锁杆；（e）绝缘吊杆 1；（f）绝缘吊杆 2；（g）并购线夹安装专用工具（根据线夹选择）；（h）绝缘滑车；
（i）绝缘绳套；（j）绝缘传递绳 1（防潮型）；（k）绝缘传递绳 2（普通型）；（l）绝缘导线剥皮器（推荐使用电动式）；
（m）绝缘断线剪；(n)绝缘测量杆；（o）绝缘工具支架

表 6-4　　　　　　　　　　　　　　　　绝缘工具配置

序号	名称		规格、型号（kV）	单位	数量	备注
1	绝缘工具	绝缘滑车	10	个	1	绝缘传递绳用
2		绝缘绳套	10	个	1	挂滑车用
3		绝缘传递绳	10	根	1	φ12mm×15m
4		绝缘（双头）锁杆	10	个	1	可同时锁定两根导线
5		伸缩式绝缘锁杆	10	个	1	射枪式操作杆
6		绝缘吊杆	10	个	3	临时固定引线用
7		绝缘操作杆	10	个	1	拉合熔断器用
8		绝缘测量杆	10	个	1	
9		绝缘断线剪	10	个	1	
10		绝缘导线剥皮器	10	套	1	绝缘杆作业法用
11		线夹装拆工具	10	套	1	根据线夹类型选择
12		绝缘支架		个	1	放置绝缘工具用
13		普通消缺类工具	10	套	1	定制选配
14		装拆附件类工具	10	套	1	定制选配

5. 金属工具

金属工具如图 6-5 所示，金属工具配置配置见表 6-5。

（a）　　　　　　　　　　　　　　（b）

图 6-5　金属工具（根据实际工况选择）

（a）电动断线切刀；（b）液压钳

表 6-5　　　　　　　　　　　　　　金属工具配置

序号	名称		规格、型号	数量	备注
1	金属工具	电动断线切刀		1 个	地面电工用
2		液压钳		1 个	压接设备线夹用

6. 仪器仪表

仪器仪表如图 6-6 所示，仪器仪表配置配置见表 6-6。

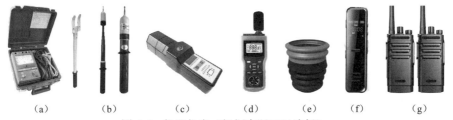

（a）　　　（b）　　　（c）　　　（d）　　　（e）　　　（f）　　　（g）

图 6-6　仪器仪表（根据实际工况选择）

（a）绝缘电阻测试仪+电极板；（b）高压验电器；（c）工频高压发生器；（d）风速湿度仪；
（e）绝缘手套充压气检测器；（f）录音笔；（g）对讲机

表 6-6　　　　　　　　　　　　　　仪器仪表配置

序号	名称		规格、型号	单位	数量	备注
1	仪器仪表	绝缘电阻测试仪	2500V 及以上	套	1	含电极板
2		高压验电器	10kV	个	1	
3		工频高压发生器	10kV	个	1	
4		风速湿度仪		个	1	
5		绝缘手套充压气检测器		个	1	
6		录音笔	便携高清降噪			记录作业对话用
7		对讲机	户外无线手持	台	3	杆上杆下监护指挥用

7. 其他工具

其他工具如图 6-7 所示，其他工具配置见表 6-7。

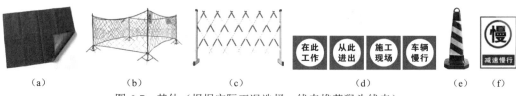

图 6-7 其他（根据实际工况选择，线夹推荐猴头线夹）

（a）防潮苫布；（b）安全围栏 1；（c）安全围栏 1；（d）警告标志；（e）路障；（f）减速慢行标志

表 6-7 其他工具配置

序号	名称		规格、型号	单位	数量	备注
1	其他工具	防潮苫布		块	若干	根据现场情况选择
2		个人手工工具		套	1	推荐用绝缘手工工具
3		安全围栏		组	1	
4		警告标志		套	1	
5		路障和减速慢行标志		组	1	

6.1.2 绝缘手套作业法项目工器具及车辆配置

1. 特种车辆和绝缘平台

特种车辆和绝缘平台如图 6-8 所示，特种车辆和绝缘平台配置见表 6-8。

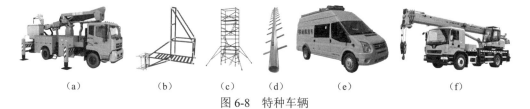

图 6-8 特种车辆

（a）绝缘斗臂车；（b）绝缘平台 1（固定式平台）；（c）绝缘平台 2（绝缘脚手架）；
（d）绝缘平台 3（绝缘蜈蚣梯）；（e）移动库房车；（f）吊车

表 6-8 特种车辆和绝缘平台配置

序号	名称		规格、型号	单位	数量	备注
1	特种车辆	绝缘斗臂车	10kV	辆	1	带绝缘外斗工具箱
2		绝缘平台 1	10kV	个	1	固定式平台
3		绝缘平台 2	10kV	个	1	绝缘脚手架
4		绝缘平台 3	10kV	个	1	绝缘蜈蚣梯
5		移动库房车		辆	1	
6		吊车	8t	辆	1	不小于 8t（可租用）

2. 个人绝缘防护用具

个人绝缘防护用具如图 6-9 所示，个人绝缘防护用具配置见表 6-9。

图6-9　个人绝缘防护用具

(a) 绝缘安全帽；(b) 绝缘手套+羊皮或仿羊皮保护手套；(c) 绝缘服；(d) 绝缘披肩；(e) 护目镜；(f) 安全带；(g) 绝缘靴

表6-9　　　　　　　　　　　　　　个人绝缘防护用具配置

序号	名称		规格、型号（kV）	单位	数量	备注
1	个人绝缘防护用具	绝缘安全帽	10	顶	2	
2		绝缘手套	10	双	3	戴保护手套
3		绝缘服	10	件	2	
4		绝缘披肩	10	件	2	
5		护目镜		副	2	
6		安全带		副	2	有后背保护绳
7		绝缘靴	10	双	3	地面电工用

3. 绝缘遮蔽用具

绝缘遮蔽用具如图6-10所示，绝缘遮蔽用具配置见表6-10。

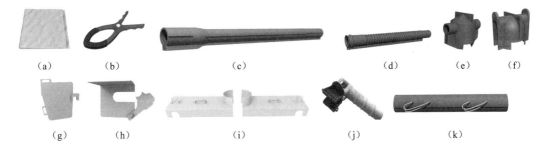

图6-10　绝缘遮蔽用具

(a) 绝缘毯；(b) 绝缘毯夹；(c) 导线遮蔽罩；(d) 引线遮蔽罩；(e) 绝缘子遮蔽罩1；(f) 绝缘子遮蔽罩2；
(g) 绝缘隔板1（相间）；(h) 绝缘隔板2（相地）；(i) 横担遮蔽罩；(j) 导线端头遮蔽罩；(k) 电杆遮蔽罩

表6-10　　　　　　　　　　　　　　绝缘遮蔽用具配置

序号	名称		规格、型号（kV）	单位	数量	备注
1	绝缘遮蔽用具	导线遮蔽罩	10	根	12	
2		引线遮蔽罩	10	根	12	
3		绝缘子遮蔽罩	10	个	3	
4		绝缘毯	10	块	20	
5		绝缘毯夹		个	40	

序号	名称		规格、型号（kV）	单位	数量	备注
6	绝缘遮蔽用具	绝缘隔板1（相间）	10	个	3	定制选配
7		绝缘隔板2（相地）	10	个	3	定制选配
8		横担遮蔽罩	10	个	1	定制选配
9		电杆遮蔽罩	10	根	4	

4. 绝缘工具

绝缘工具如图 6-11 所示，绝缘工具配置见表 6-11。

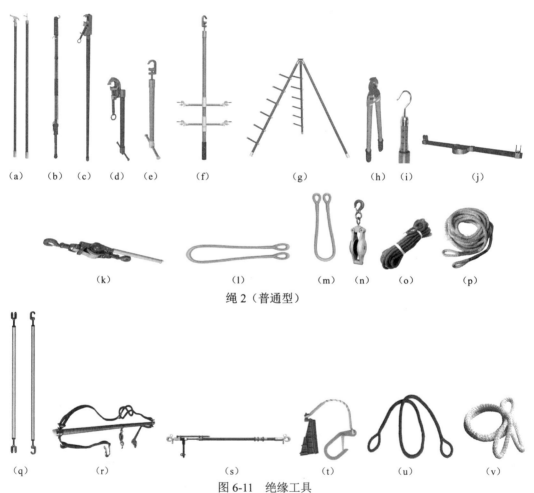

图 6-11　绝缘工具

（a）绝缘操作杆；（b）伸缩式绝缘锁杆（射枪式操作杆）；（c）绝缘（双头）锁杆；（d）绝缘吊杆1；（e）绝缘吊杆2；
（f）绝缘吊杆3；（g）绝缘工具支架；（h）绝缘断线剪；（i）绝缘测量杆；（j）绝缘横担；（k）软质绝缘紧线器；
（l）绝缘保护绳（长）；（m）绝缘绳套（短）；（n）绝缘滑车；（o）绝缘传递绳1（防潮型）；（p）绝缘传递
绳2（普通型）；（q）绝缘撑杆；（r）三相导线绝缘吊杆；（s）桥接工具之硬质绝缘紧线器；（t）绝缘防坠绳；
（u）绝缘千金绳1（防潮型）；（v）绝缘千金绳1（普通型）

表 6-11　　　　　　　　　　　　　　　绝缘工具配置

序号	名称		规格、型号（kV）	单位	数量	备注
1	绝缘工具	绝缘操作杆	10	个	2	
2		伸缩式绝缘锁杆	10	个	2	射枪式操作杆
3		绝缘（双头）锁杆	10	个	2	可同时锁定两根导线
4		绝缘吊杆（短）	10	个	3	临时固定引线用
5		绝缘吊杆（长）	10	个	3	临时固定引线用
6		绝缘工具支架		个	1	支撑绝缘操作工具用
7		绝缘断线剪	10	个	1	
8		绝缘测量杆	10	个	1	
9		绝缘横担	10	个	1	电杆用
10		绝缘紧线器	10	个	2	配卡线器2个
11		绝缘绳套（短）	10	根	3	紧线器、保护绳等用
12		绝缘绳套（长）	10	根	2	绝缘保护绳用等
13		绝缘传递绳	10	根	2	
14		绝缘控制绳	10	根	3	
15		绝缘撑杆	10	根	3	支撑两相导线专用
16		绝缘吊杆	10	根	1	备用
17		硬质绝缘紧线器	10	个	6	桥接工具
18		绝缘防坠绳	10	个	6	临时固定引下电缆用
19		绝缘千斤绳	10	个	2	起吊开关用千斤绳

5. 金属工具

金属工具如图 6-12 所示，金属工具配置见表 6-12。

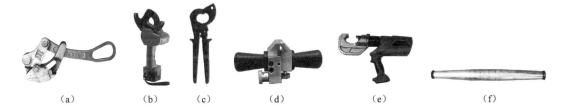

（a）　　　　　　（b）　　　（c）　　　　　　（d）　　　　　　（e）　　　　　　　（f）

图 6-12　金属工具（根据实际工况选择）

（a）卡线器；（b）电动断线切刀；（c）棘轮切刀；（d）绝缘导线剥皮器；（e）液压钳；（f）桥接工具之专用快速接头

表 6-12　　　　　　　　　　　　金属工具配置

序号	名称		规格、型号	单位	数量	备注
1	金属工具	卡线器		个	4	
2		电动断线切刀		个	1	
3		棘轮切刀		个	1	
4		绝缘导线剥皮器		个	2	
5		压接用液压钳		个	1	
6		专用快速接头		个	6	桥接工具

6. 旁路设备

旁路设备如图 6-13 所示，旁路设备配置见表 6-13。

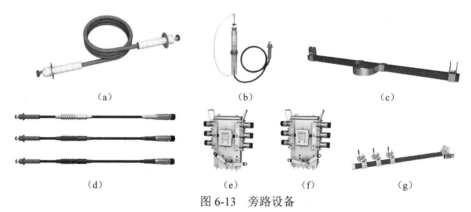

图 6-13　旁路设备

（a）绝缘引流线+旋转式紧固手柄；（b）带消弧开关的绝缘引流线；（c）绝缘横担用作引流线支架；
（d）旁路引下电缆；（e）旁路负荷开关分闸位置；（f）旁路负荷开关合闸位置；（g）余缆支架

表 6-13　　　　　　　　　　　　旁路设备配置

序号	名称		规格、型号	单位	数量	备注
1	旁路设备	绝缘引流线	10kV	个	3	根据实际情况选择个数
2		绝缘引流线支架	10kV	根	1	绝缘横担（备用）
3		旁路引下电缆	10kV，200A	组	2	黄绿红 3 根 1 组，15m
4		旁路负荷开关	10kV，200A	台	1	带核相装置/安装抱箍
5		余缆支架		根	2	含电杆安装带

7. 仪器仪表

仪器仪表如图 6-14 所示，仪器仪表配置见表 6-14。

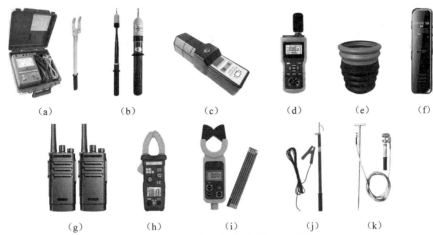

图 6-14　仪器仪表（根据实际工况选择）

（a）绝缘电阻测试仪+电极板；（b）高压验电器；（c）工频高压发生器；（d）风速湿度仪；（e）绝缘手套充压气检测器；
（f）录音笔；（g）对讲机；（h）钳形电流表 1（手持式）；（i）钳形电流表 2（绝缘杆式）；（j）放电棒；（k）接地棒

表 6-14   仪器仪表配置

序号	名称		规格、型号	单位	数量	备注
1	仪器仪表	绝缘电阻测试仪	2500V 及以上	套	1	含电极板
2		钳形电流表	高压	个	1	推荐绝缘杆式
3		高压验电器	10kV	个	1	
4		工频高压发生器	10kV	个	1	
5		风速湿度仪		个	1	
6		绝缘手套充压气检测器		个	1	
7		录音笔	便携高清降噪			记录作业对话用
8		对讲机	户外无线手持	台	3	杆上杆下监护指挥用
9		放电棒		个	1	带接地线
10		接地棒和接地线		个	2	包括旁路负荷开关用

8. 其他工具和材料

其他工具如图 6-15 所示，其他配置见表 6-15。

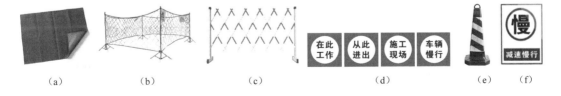

图 6-15　其他（根据实际工况选择）

（a）防潮苫布；（b）安全围栏 1；（c）安全围栏 1；（d）警告标志；（e）路障；（f）减速慢行标志

表 6-15　其他配置

序号	名称		规格、型号	单位	数量	备注
1	其他工具	防潮苫布		块	若干	根据现场情况选择
2		个人手工工具		套	1	推荐用绝缘手工工具
3		安全围栏		组	1	
4		警告标志		套	1	
5		路障和减速慢行标志		组	1	
6	材料	绝缘自粘带		卷	若干	恢复绝缘用
7		清洁纸和硅脂膏		个	若干	清洁和涂抹接头用

6.1.3　综合不停电作业法项目工器具及车辆配置

1. 特种车辆

特种车辆如图 6-16 所示，特种车辆配置见表 6-16。

（a）　　　　（b）　　　　（c）　　　　（d）　　　　（e）

图 6-16　特种车辆

（a）绝缘斗臂车；（b）移动库房车；（c）移动箱变车 1；（d）移动箱变车 2；（e）低压发电车

表 6-16　特种车辆配置

序号	名称		规格、型号（kV）	单位	数量	备注
1	特种车辆	绝缘斗臂车	10	辆	1	
2		移动库房车		辆	1	
3		移动箱变车	10/0.4	辆	1	配套高（低）压电缆
4		低压发电车	0.4	辆	1	备用

2. 个人绝缘防护用具

个人绝缘防护用具如图 6-17 所示，个人绝缘防护用具配置见表 6-17。

（a）　　　　（b）　　　　（c）　　　　（d）　　　　（e）　　　　（f）

图 6-17　个人绝缘防护用具

（a）绝缘安全帽；（b）绝缘手套+羊皮或仿羊皮保护手套；（c）绝缘服；（d）绝缘披肩；（e）护目镜；（f）安全带

表 6-17　　　　　　　　　　　　　个人绝缘防护用具配置

序号	名称		规格、型号（kV）	单位	数量	备注
1	个人绝缘防护用具	绝缘安全帽	10	顶	2	杆上电工用
2		绝缘手套	10	双	4	带防刺穿手套
3		绝缘披肩（绝缘服）	10	件	2	根据现场情况选择
4		护目镜		副	2	
5		安全带		副	2	有后背保护绳

3. 绝缘遮蔽用具

绝缘遮蔽用具如图 6-18 所示，绝缘遮蔽用具配置见表 6-18。

（a）　　　　　　　　　　（b）　　　　　　　　　　（c）

图 6-18　绝缘遮蔽用具（根据实际工况选择）

（a）绝缘毯；（b）绝缘毯夹；（c）导线遮蔽罩

表 6-18　　　　　　　　　　　　　绝缘遮蔽用具配置

序号	名称		规格、型号（kV）	单位	数量	备注
1	绝缘遮蔽用具	导线遮蔽罩	10	根	6	不少于配备数量
2		绝缘毯	10	块	6	不少于配备数量
3		绝缘毯夹		个	12	不少于配备数量

4. 绝缘工具和金属工具

绝缘工具和金属工具如图 6-19 所示，绝缘工具和金属工具配置见表 6-19。

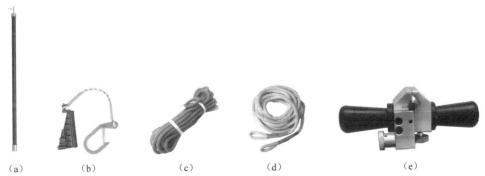

（a）　　　　（b）　　　　　　（c）　　　　　　（d）　　　　　　（e）

图 6-19　绝缘工具和金属工具（根据实际工况选择）

（a）绝缘操作杆；（b）绝缘保护绳；（c）绝缘防坠绝缘传递绳 1（防潮型）；
（d）绝缘传递绳 2（普通型）；（e）绝缘导线剥皮器（金属工具）

表 6-19 绝缘工具和金属工具配置

序号	名称		规格、型号（kV）	单位	数量	备注
1	绝缘工具	绝缘操作杆	10	个	2	拉合开关用
2		绝缘防坠绳	10	个	3	临时固定引下电缆用
3		绝缘传递绳	10	个	1	起吊引下电缆（备）用
4	金属工具	绝缘导线剥皮器		个	1	

5. 旁路设备

旁路设备如图 6-20 所示，0.4kV 旁路设备如图 6-21 所示，旁路设备配置见表 6-20。

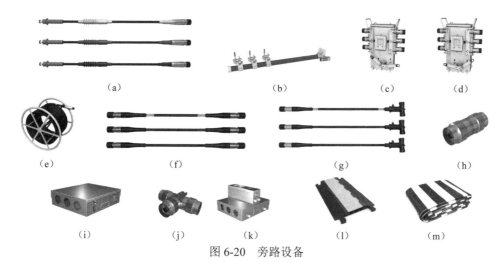

图 6-20 旁路设备

（a）旁路引下电缆；（b）余缆支架；（c）旁路负荷开关分闸位置；（d）旁路负荷开关合闸位置；（e）高压旁路柔性电缆盘；
（f）高压旁路柔性电缆；（g）T 型接头旁路辅助电缆；（h）快速插拔直通接头；（i）直通接头保护架；（j）快速插拔 T 型接头；
（k）T 型接头保护架；（l）电缆过路保护板；（m）彩条防雨布

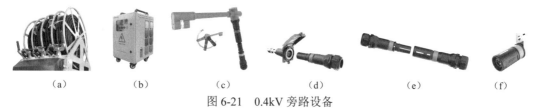

图 6-21 0.4kV 旁路设备

（a）低压旁路柔性电缆；（b）400V 快速连接箱；（c）变压器台 JP 柜低压输出端母排用专用快速接头；
（d）低压旁路电缆快速接入箱用专用快速接头；（e）低压旁路电缆用专用快速接头；（f）低压输出端母排专用快速接头

表 6-20 旁路设备配置

序号	名称		规格、型号	单位	数量	备注
1	旁路设备	旁路引下电缆	10kV，200A	组	1	黄绿红 3 根 1 组，15m
2		余缆支架		根	2	含电杆安装带
3		旁路负荷开关	10kV，200A	台	1	带核相装置/安装抱箍

续表

序号	名称		规格、型号	单位	数量	备注
4	旁路设备	旁路柔性电缆	10kV，200A	组	若干	黄绿红3根1组，50m
5		T型接头旁路辅助电缆	10kV，200A	组	3	黄绿红3根1组
6		快速插拔直通接头	10kV，200A	个	若干	带接头保护盒
7		快速插拔T型接头	10kV，200A	个	1	带接头保护盒
8		电缆过路保护板		个	若干	根据现场情况选用
9		电缆保护盒或彩条防雨布		m	若干	根据现场情况选用
10		低压旁路柔性电缆	0.4kV	组	1	黄绿红黑4根1组
11		配套专用接头	0.4kV	组	1	低压旁路柔性电缆用
12		400V快速连接箱	0.4kV	台	1	备用
13		电缆保护盒或彩条防雨布		m	若干	根据现场情况选用

6. 仪器仪表

仪器仪表如图6-22所示，仪器仪表配置见表6-21。

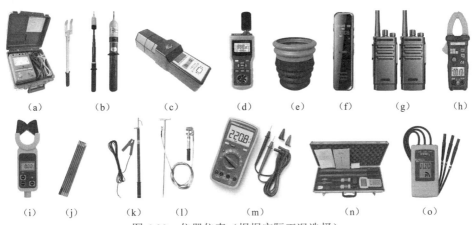

（a）　（b）　（c）　（d）　（e）　（f）　（g）　（h）

（i）　（j）　（k）　（l）　（m）　（n）　（o）

图6-22　仪器仪表（根据实际工况选择）

（a）绝缘电阻测试仪+电极板；（b）高压验电器；（c）工频高压发生器；（d）风速湿度仪；（e）绝缘手套充压气检测器；（f）录音笔；（g）对讲机；（h）钳形电流表1（手持式）；（i）钳形电流表2（绝缘杆式）；（j）放电棒；（k）接地棒；（l）绝缘电阻检测仪；（m）万用表；（n）便携式核相仪；（o）相序表

表6-21　　　　　　　　　　　　　仪器仪表配置

序号	名称		规格、型号	单位	数量	备注
1	仪器仪表	绝缘电阻测试仪	2500V及以上	套	1	含电极板
2		钳形电流表	高压	个	1	推荐绝缘杆式
3		高压验电器	10kV	个	1	
4		工频高压发生器	10kV	个	1	

续表

序号	名称		规格、型号	单位	数量	备注
5	仪器仪表	风速湿度仪		个	1	
6		绝缘手套充压气检测器		个	1	
7		核相工具		套	1	根据现场设备选配
8		录音笔	便携高清降噪			记录作业对话用
9		对讲机	户外无线手持	台	3	杆上杆下监护指挥用
10		放电棒		个	1	带接地线
11		接地棒和接地线		个	2	包括旁路负荷开关用

7. 其他工具和材料

其他工具如图 6-23 所示，配置见表 6-22。

（a）　　　　　　（b）　　　　　　（c）　　　　　　（d）　　　　（e）　　（f）

图 6-23　其他（根据实际工况选择）

（a）防潮苫布；（b）安全围栏 1；（c）安全围栏 1；（d）警告标志；（e）路障；（f）减速慢行标志

表 6-22　　　　　　　　　　　　　其他工具配置

序号	名称		规格、型号	单位	数量	备注
1	其他工具	防潮苫布		块	若干	根据现场情况选择
2		个人手工工具		套	1	推荐用绝缘手工工具
3		安全围栏		组	1	
4		警告标志		套	1	
5		路障和减速慢行标志		组	1	
6	材料	绝缘自粘带		卷	若干	恢复绝缘用
7		清洁纸和硅脂膏		个	若干	清洁和涂抹接头用

6.2　装 备 试 验 要 求

配网不停电作业装备的试验，主要是指工器具及车辆等装备的电气预防性试验，试验合格应出具试验报告并粘贴试验合格标签。为筑牢装备安全屏障，定期对作业装备进行试验检测，是守牢装备安全的第一关，是保证装备健康上岗的唯一途径。依据《配电安规》第 11.7.1、11.8.3、11.8.4 条，有如下规定。

（1）绝缘斗臂车应根据《带电作业用绝缘斗臂车使用导则》（DL/T 854—2017）（以下简称《斗臂车使用导则》）定期检查。

（2）带电作业工器具预防性试验应符合《带电作业工具、装置和设备预防性试验规程》（DL/T 976—2017）（以下简称《预防性试验规程》）的要求。

（3）带电作业遮蔽和防护用具试验应符合《配电线路带作业技术导则》（GB/T 18857—2019）（以下简称《配电导则》）。

下面介绍带电作业用绝缘斗臂车、带电作业工遮蔽和防护用具、带电作业工器具、旁路作业装备的预防性试验。

6.2.1　带电作业用绝缘斗臂车预防性试验

依据《斗臂车使用导则》的规定：绝缘内斗的层向耐压和沿面闪络试验、外斗的沿面闪络试验、绝缘臂的工频耐压试验、整车的工频试验以及内斗、外斗、绝缘臂、整车的泄漏电流试验，预防性试验每年一次，见表 6-23、表 6-24，摘自《配电导则》中的表 8、表 9。

表 6-23　　　　　　　　　　　绝缘斗臂车交流耐压试验

额定电压（kV）	海拔 H（m）	试验项目	试验长度（m）	预防性试验		
				试验电压（kV）	试验时间（min）	试验周期
10	$H \leqslant 3000$	绝缘臂	0.4	45	1	12个月
		整车	1.0	45	1	12个月
		绝缘内斗层向	—	45	1	12个月
		绝缘外斗沿面	0.4	45	1	12个月
	$3000 < H \leqslant 4500$	绝缘臂	0.6	45	1	12个月
		整车	1.2	45	1	12个月
		绝缘内斗层向	—	45	1	12个月
		绝缘外斗沿面	0.4	45	1	12个月

注：试验中试品应无击穿、无闪络、无过热

表 6-24　　　　　　　　　　　绝缘斗臂车交流泄漏电流试验

额定电压（kV）	海拔 H（m）	试验项目	试验长度（m）	预防性试验		试验周期
				试验电压（kV）	泄漏电流（μA）	
10	$H \leqslant 3000$	绝缘臂	0.4	—	—	12个月
		整车	1.0	20	≤500	12个月
		绝缘外斗沿面	0.4	20	≤200	12个月
	$3000 < H \leqslant 4500$	绝缘臂	0.6	—	—	12个月
		整车	12	20	≤500	12个月
		绝缘外斗沿面	0.4	20	≤200	12个月

6.2.2 带电作业绝缘遮蔽和防护用具预防性试验

依据《配电导则》的规定：试验电压 20kV，时间为 1min，试验周期为 6 个月。试验中试品应无击穿、无闪络、无发热为合格，见表 6-25，摘自《配电导则》表 6。

表 6-25 绝缘防护及遮蔽用具试验

额定电压（kV）	预防性试验		
	试验电压（kV）	试验时间（min）	试验周期
10	20	1	6 个月

注：试验中试品应无击穿、无闪络、无过热

6.2.3 带电作业工器具预防性试验

依据《预防性试验规程》的规定：试验长度 0.4m，加压 45kV，时间为 1min，试验周期为 12 个月，工频耐压试验以无击穿、无闪络及过热为合格，见表 6-26～表 6-28，摘自《配电导则》中的表 7、表 10、表 11。

表 6-26 绝缘工具试验

额定电压（kV）	海拔 H（m）	试验长度（m）	预防性试验		
			试验电压（kV）	试验时间（min）	试验周期
10	$H \leqslant 3000$	0.4	45	1	12 个月
	$3000 < H \leqslant 4500$	0.6			

注：a）试验中试品应无击穿、无闪络、无过热；
　　b）海拔为工器具试验地点的海拔，后文同

表 6-27 绝缘平台交流耐压试验

额定电压（kV）	海拔 H（m）	试验长度（m）	预防性试验		
			试验电压（kV）	试验时间（min）	试验周期
10	$H \leqslant 3000$	0.4	45	1	12个月
	$3000 < H \leqslant 4500$	0.6	45	1	12个月

注：试验中试品应无击穿、无闪络、无过热

表 6-28 绝缘平台交流泄漏电流试验

额定电压（kV）	海拔 H（m）	试验长度（m）	预防性试验		
			试验电压（kV）	泄漏电流（μA）	试验周期
10	$H \leqslant 3000$	0.4	20	$\leqslant 200$	12个月
	$3000 < H \leqslant 4500$	0.6	20	$\leqslant 200$	12个月

注：试验中试品应无击穿、无闪络、无过热

6.2.4 旁路作业设备预防性试验

（1）依据《配电线路旁路作业技术导则》（GB/T 34577—2017）B.2 预防性试验的规定：旁路柔性电缆、旁路电缆连接器、旁路电缆车以及移动箱变车的旁路设备应每 12 个月进行预防性试验。

1）旁路柔性电缆及连接器试验项目有：外观检查、工频耐受电压试验、局部放电试验。

2）旁路负荷开关试验项目有：外观检查、工频耐受电压试验、导通接触电阻试验、SF_6 气压及气体泄漏率。

3）旁路设备辅助装置试验项目有：外观检查、（绳索类工具）机械荷载。

4）车载变压器试验项目有：绕组直流电阻、电压比测量和链接组别测量、短路阻抗和负载损耗测量、空载电流和空载损耗测量、绕组对地绝缘电阻、绝缘试验、（干式）局部放电试验。

5）车载高压开关试验项目有：外观检查、工频耐受电压试验、导通接触电阻试验。

（2）依据《10kV 带电作业用消弧开关技术条件》（Q/GDW 1811—2013）7.4 预防性试验的规定：使用中的消弧开关应每 6 个月进行一次预防性试验，试验的项目有：外观检查、工频耐受电压试验。

6.3 装备保管要求

配网不停电作业装备应设专人保管，存放于专用库房内，保持完好的待用状态，杜绝使用不良或报废的作业工具，依据《配电安规》第 11.8.1 条和《作业规范》第 10 条的规定：配网不停电作业工器具及车辆等装备的保管包括：绝缘防护用具、绝缘遮蔽用具、硬质绝缘工具、软质绝缘工具、旁路电缆及连接器、旁路负荷开关、检测仪器、金属工器具、绝缘斗臂车、移动箱变车、移动发电车、旁路作业车等。

6.3.1 配网不停电作业装备库房要求

配网不停电作业工器具及车辆等装备库房应符合《带电作业用工具库房》（DL/T 974—2018）的要求。

（1）库房应有除湿设施、干燥加热设施、降温设施、通风设施、报警设施等，库房的信息管理系统应能对库房环境状态进行实时测控，并对工具贮存状况、出入库信息、领用手续、试验等信息进行管理。

（2）带电作业工具库房的温度宜为 10～28℃，湿度应不大于 60%。只用来存放非绝缘类工具的库房可不作温、湿度要求。

（3）有条件或新建的库房宜增设过渡间，过渡间内应设置工具保养、整理和暂存区域。过渡间应与工具存放区隔离。

（4）库房的装备应按电压等级及工器具类别分区分库存放；工具存放空间与活动空间的比例宜为 2：1。库房内空高度宜大于 3.0m，难以满足时，不宜低于 2.7m。车库的存放面积应不小于车体的 2 倍，顶部应有不小于 0.5m 的空间。

（5）绝缘斗臂车（包括移动箱变车、旁路电缆车、移动开关柜车、移动环网柜车、中压发电车、低压发电车等车辆）应停放在安全、防潮、通风和具有消防设施的专用库房内。绝缘斗臂车库房温度宜为 5～40℃，湿度不宜大于 60%，其他库房不做温度、湿度要求。

6.3.2 配网不停电作业装备保管要求

配网不停电作业工器具及车辆等装备应符合《带电作业用工具库房》（DL/T 974—2018）的要求。

（1）应设专人保管，从入库、领用、保存、试验、使用直至报废，实行全寿命周期过程管理。

（2）应有唯一的永久编号，应建立装备台账，包括名称、编号、购置日期、有效期限、适用电压等级、试验记录等内容。台账应与试验报告、试验合格证一致。

（3）使用专用工具柜时，专用工具柜应具有通风、除湿等功能且配备温度表、湿度表。

（4）使用带电作业工具专用库房车（移动库房车）时，专用库房车应按照带电作业用工具库房及带电作业用工具车标准执行，配置烘干除湿设备、温湿自动控制系统，专车专用。

第7章　配网不停电作业标准

安全作业、标准先行，配网不停电作业标准是作业人员必须熟悉并严格执行的，在贯彻和执行标准时：在思想上维护标准的严肃性：标准不可违抗、必须遵照；在组织上保证标准的强制性：标准不可违反、必须执行；在个人行动上强化执行标准的自觉性：标准不可违背、必须遵守。

配网不停电作业标准包括：术语类标准（见表 7-1）、规程类标准（见表 7-2）、规范类标准（见表 7-5）、导则类标准（见表 7-6）、其他类标准（见表 7-7）等，涵盖国家标准（国标 GB、GB/T）、电力行业标准（电力行标 DL/T）、团体标准（团标 T/团体代号）、企业标准（企标 Q/企业代号）和管理制度等。标准编号组成如图 7-1 所示，标准编号均由"标准代号+标准发布顺序号+标准发布年代号+标准名称"所组成。

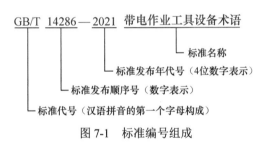

图 7-1　标准编号组成

（1）"标准代号"分别由汉语拼音的第一个字母构成：①强制性国家标准代号为 GB，加"T"为推荐性标准代号，如图 7-1 中的"GB/T"；②强制性电力行业标准代为 DL，加"T"为推荐性电力行业标准代号"DL/T"；③团体标准代号为"T/团体代号"，如中国电工技术学会团体标准 T/CES；④企业标准代号为"Q/企业代号"，如国家电网有限公司企业标准 Q/GDW。

（2）"标准发布顺序号"分别用数字表示，如图 7-1 中的"14286"。

（3）"标准发布年代号"分别用四位数字表示，如图 7-1 中的"2021"。

（4）"标准名称"分别用规范文字表述，如图 7-1 中的"带电作业工具设备术语"。

这里需要说明的是：标准具有时效性，执行时应以最新发布年代号版本为准，未颁布的标准（发布年代号带有 X）仅供参考，执行时应以颁布的标准为准。

7.1　术　语　类　标　准

配网不停电作业术语类标准见表 7-1。

表 7-1　　　　　　　　　　　配网不停电作业术语类标准

序号	类别	名称
1	术语类	《电工术语 带电作业》（GB/T 2900.5—2016/IEC 60050-651：2014 代替 GB/T 2900.55—2002）
2		《带电作业工具设备术语》（GB/T 14286—2021 代替 GB/T 14286—2008）

7.1.1 《电工术语 带电作业》(GB/T 2900.55—2016/IEC 60050-651: 2014)

本标准规定了带电作业技术领域用术语和定义，包括：通用术语、基本工具、装置和设备、个人防护器具、检测装置、接地短路设备、带电作业相关的术语。依据《电工术语 带电作业》第 2.1 条，有如下规定。

（1）带电作业，工作人员接触带电部分的作业，或工作人员身体的任一部分或使用的工具、装置、设备进入带电作业区域内的作业。

（2）带电作业区域，带电部分周围的空间，通过以下措施来降低电气风险：仅限熟练的工作人员进入，在不同电位下保持适当的空气间距，并使用带电作业工具。

（3）绝缘杆作业，作业人员与带电部件保持一定的距离，用绝缘杆进行的作业。

（4）绝缘手套作业，作业人员通过绝缘手套进行电气防护，直接接触带电部件的带电作业。

（5）等电位作业，作业人员与带电部件保持电气连接，而与周围不同电位适当隔离的带电作业。

7.1.2 《带电作业工具设备术语》(GB/T 14286—2021)

GB/T 14286—2021 界定了带电作业用绝缘杆、通用工具附件、绝缘遮蔽用具、旁路设备、专用手工工具、个人防护装备及附件、攀登及载人器具等工具设备名词术语及其定义。依据 GB/T 14286—2021 第 16 条，有如下定义。

（1）绝缘斗臂车，由绝缘高架装置、定型道路车辆和有关设备组成，作为移动式升降绝缘工作平台开展带电作业的高空作业车。

（2）旁路电缆车，装载旁路柔性电缆及连接器，旁路开关和其他旁路配件并能实现电缆收放功能的专用车辆。

（3）移动电源车(发电车)，装有发电机组和电力管理系统，可提供应急备用电源的专用车辆。

（4）移动箱变车，装有可调节车载变压器、高压开关设备和低压配电装置，可用于旁路法带电作业的专用车辆。

（5）移动环网箱车，装有车载环网箱，实现旁路检修环网箱等旁路作业的专用车辆。

（6）移动开关车，装有旁路负荷开关，可用于旁路作业中的电流切换的专用车辆。

（7）带电作业工具库房车，用于运输、临时保管和储存带电作业工具的专用车辆。

7.2　规　程　类　标　准

配网不停电作业规程类标准见表 7-2，部分标准宣贯如下。

表 7-2　　　　　　　　　　　　　配网不停电作业规程类标准

序号	类别	名称
1	规程类	《电力安全工作规程　电力线路部分》（DL/T 409—2023 代替 DL 409—91）
2		《国家电网有限公司电力安全工作规程　第 8 部分：配电部分》（Q/GDW 10799.8—2023）
3		《电力安全工作规程　电力线路部分》（GB 26859—2011）
4		《电力安全工作规程　线路部分》（Q/GDW 1799.2—2013）
5		《中国南方电网有限责任公司电力安全工作规程　第 3 部分：配电部分》（Q/CSG 1205056.3—2022）
6		《带电作业工具、装置和设备预防性试验规程》（DL/T 976—2017 代替 DL/T 976—2005）
7		《微网发电车作业运行规程》（Q/GDW06 10027—2020）
8		《配电带电作业机器人作业规程》（DL/T 2318—2021）

7.2.1　《电力安全工作规程　电力线路部分》（DL/T 409—2023 代替 DL 409—91）

本标准规定了电力生产单位和电力线路作业现场人员应遵守的基本电气安全要求，适用于运用中的电力线路和配电网中的配电设备及其相关场所的工作，主要条款宣贯如下。

1．术语和定义

依据 DL/T 409—2023 第 3.1、3.4、3.5、3.6、3.7 条，有如下规定。

（1）电力线路，在系统两点间用于输配电的导线、绝缘材料和附件组成的设施。注：包含输电线路、高压配电线路、低压配电线路、电力电缆线路、配电网中的配电设备等。

（2）运用中的电气设备，全部带有电压、一部分带有电压或一经操作即带有电压的电气设备。注：本文件中电气设备主要指电力线路和配电网中的配电设备。

（3）双重称号，线路名称和位置称号，位置称号包括同塔多回线路中导线架设位置。如上线、中线或下线和面向线路杆塔号增加方向的左线或右线。其中，《电力安全工作规程线路部分》（Q/GDW 1799.2—2013）第 3.5 条规定：设备双重名称，即设备名称和编号。

（4）带电作业，工作人员接触带电部分的作业，或工作人员身体的任一部分或使用的工具、装置、设备进入带电作业区域内的作业。带电作业所采用的方法如地电位作业、中间电位作业、等电位作业。

（5）故障紧急抢修工作，电气设备发生故障被迫紧急停止运行，须短时间内恢复的抢修或排除故障的工作。

2. 安全组织措施

依据 DL/T 409—2023 第 5.1、5.2、5.3、5.4、5.5 条，有如下规定。

（1）一般要求。安全组织措施作为保证安全的制度措施之一，包括现场勘察，工作票，工作的许可、监护、间 断、终结和恢复送电等。工作票签发人、工作负责人（监护人）、工作许可人、专责监护人和工作班成员在整个作业流程中应履行各自的安全职责。

（2）现场勘察。电力线路或配电设备作业，工作票签发人或工作负责人认为有必要现场勘察的，应组织现场勘察，并填写现场勘察记录，见附录 B。现场勘察结果应作为填写、签发工作票的依据。

（3）工作票。工作票是准许在运用中的电气设备及相关场所上工作的书面安全要求之一。高压带电作业填用带电作业工作票，见附录 E。工作票所列人员的基本条件：①工作票签发人应由熟悉人员技术水平、熟悉线路设备情况、熟悉本文件，并具有相关工作经验的人员担任。②工作负责人（监护人）、工作许可人应由有一定工作经验、熟悉本文件、熟悉工作范围内线路 设备情况的人员担任。工作负责人还应熟悉工作班成员的工作能力。③专责监护人应由具有相关工作经验，熟悉线路设备情况和本文件的人员担任。

（4）工作许可。许可开始工作的命令，应通知工作负责人。其方法可采用：①电话下达。②电子信息下达。③当面下达。④派人送达。不应约时停、送电。

（5）工作监护。工作票签发人或工作负责人，应根据现场的安全条件、作业范围、工作需要等具体情况，增设专责监护人并确定被监护的人员。专责监护人不应兼做其他工作。

3. 带电作业

依据 DL/T 409—2023 第 13.1、13.2、13.4、13.6、13.7、13.10 条及附录 A、附录 E，有如下规定。

（1）一般规定。①本部分适用于在海拔 1000m 及以下交流 10～1000kV、直流±500～±1100kV（750kV 海拔 2000m 及以下）的电力线路上，采用等电位、中间电位和地电位方式进行的带电作业。②带电作业人员应专门培训、考试合格，并经本单位批准。工作票签发人、工作负责人和专责监护人应具有带电作业实践经验。③带电作业应设专责监护人，监护的范围不应超过一个作业点。复杂的或高杆塔上的作业应增设（塔上）监护人。④带电作业时，不应同时接触两个非连通的带电导体或带电导体与接地导体。

（2）一般技术措施。①采用绝缘手套作业法或绝缘操作杆作业法时，应根据作业方法选用人体防护用具，使用绝缘安全带、绝缘安全帽，必要时还应戴护目眼镜。工作人员转移相位工作前，应得到工作监护人的同意。②高压配电线路带电作业时，作业区域带电导线、绝缘子等应采取相间、相对地的绝缘遮蔽、隔离措施。绝缘隔离措施的范围应比作业人员活动范围增加 0.4m 以上。实施绝缘遮蔽及隔离措施时，应按先近后远、先下后上的顺序进行，拆除时顺序相反。装、拆绝缘隔离措施时应逐相进行。其中，《电力安全工作规程 线路部分》Q/GDW 1799.2—2013 第 13.10.2 条规定：禁止同时拆除带电导线和地电位的绝缘隔离措施。

（3）绝缘斗臂车作业。①绝缘斗臂车的工作位置应选择适当，支撑应稳固可靠，并有防倾覆措施。使用前应在预定位置空斗试操作一次，确认液压传动、回转、升降、伸缩系统工作正常，操作灵活，制动装置可靠。②绝缘臂的有效绝缘长度应大于表10的规定（10kV，1.0m）。③绝缘臂下节的金属部分，在仰起、回转过程中，与带电体的安全距离应按表4的规定值（0.4m）增加0.5m。工作中车体应良好接地。④绝缘斗内双人带电作业，不应在不同相位或不同电位同时作业。

（4）带电断、接引线。带电断、接空载线路，应遵守下列规定：①不应带负荷断、接引线。②带电断、接空载线路前，应确认线路另一端的断路器（开关）、隔离开关（刀闸）确已断开，接入线路侧的变压器、电压互感器确已退出运行。③带电断、接空载线路时，作业人员应戴护目镜，采取消弧措施，并与断开点保持足够的距离。断、接线路为空载电缆等容性负载时，应根据线路电容电流的大小，采用带电作业用消弧开关及操作杆等专用工具。④带电断、接引线前，应查明线路确无接地、绝缘良好、线路上无人工作，且确定相位无误。电缆引线断、接前应做好相位标志。⑤带电接引线时未接通相的导线、带电断引线时已断开相的导线，将因感应而带电，接触导线前应采取措施。⑥不应同时接触未接通的或已断开的导线两个断头，以防人体串入电路。⑦引线长度应适当，与周围接地构件、不同相带电体应有足够安全距离，连接应牢固可靠。断、接时应有防止引线摆动的措施。

（5）带电短接设备。用分流线短接断路器（开关）、隔离开关（刀闸）、跌落式熔断器等载流设备，应遵守下列规定：①短接前应核对相位。②组装分流线的导线处应清除氧化层，且线夹接触应牢固可靠。③35kV及以下设备使用的绝缘分流线的绝缘水平应符合DL/T 976的要求。④短接前，断路器（开关）应处于合闸位置，并取下跳闸回路熔断器，锁死跳闸机构。⑤分流线应支撑好，防止摆动造成接地或短路。

（6）带电作业工具使用、保管和试验。①存放带电作业工具应符合DL/T 974《带电作业用工具库房》的要求。②不应使用损坏、受潮、变形、失灵的带电作业工具。③带电绝缘工具在运输过程中，应装在专用工具袋、工具箱或专用工具车内。④绝缘工具使用前，应测量其阻值合格。使用中的带电作业工具应放置在防潮的帆布或绝缘物上。⑤带电作业工器具应按DL/T 976（带电作业工具、装置和设备预防性试验规程）的规定定期试验。其中，《电力安全工作规程　线路部分》（Q/GDW 1799.2—2013）第13.11.2.5条规定：带电作业工具使用前，仔细检查确认没有损坏、受潮、变形、失灵，否则禁止使用。并使用2500V及以上绝缘电阻表或绝缘检测仪进行分段绝缘检测（电极宽2cm，极间宽2cm），阻值应不低于700MΩ。操作绝缘工具时应戴清洁、干燥的手套。

7.2.2 《带电作业工具、装置和设备预防性试验规程》（DL/T 976—2017 代替 DL/T 976—2005）

DL/T 976—2017规定了带电作业工具、装置和设备预防性试验的项目、周期和要求，用以判断工具、装置和设备是否符合使用条件，预防其损坏，以保证带电作业时人身及设备安全。包括绝缘工具、金属（承力）工具、安全防护用具、检测工具、检修装置及设备、附录 A（规范性附录）预防性试验合格标志式样及要求、附录 B（资料性附录）机械试验方法、附录 C（资料性附录）电气试验方法，主要条款宣贯如下。

1. 术语和定义

依据 DL/T 976—2017 第 3 条，有如下规定。

（1）预防性试验，为了发现带电作业工具、装置和设备的隐患，预防发生设备或人身事故而进行的周期性检查、试验或检测。

（2）交流耐压试验，对绝缘施加一次规定值的工频试验电压（有效值），以检验其绝缘性能是否良好的试验。

（3）直流耐压试验，对绝缘施加一次规定值的直流试验电压，以检验其绝缘性能是否良好的试验。

（4）操作冲击耐压试验，对绝缘施加规定次数和规定值的操作冲击电压的试验。通过施加较多次数的操作冲击电压，以检验在可接受的置信度下实际的统计操作冲击耐压是否不低于额定操作冲击耐受电压。

（5）静负荷试验，为了考核带电作业工具、装置和设备承受机械载荷（拉力、扭力、压力、弯曲力）的能力所进行的试验。

（6）动负荷试验，在施加负荷的基础上考虑因运动、操作而产生横向或纵向冲击作用力的机械载荷试验。

2. 总则

依据 DL/T 976—2017 第 4.1、4.2、4.3、4.6 条，有如下规定。

（1）进行预防性试验时，一般宜先进行外观检查，再进行机械试验，最后进行电气试验。电气试验按《高电压试验技术 第 1 部分：一般定义及试验要求》（GB/T 16927.1—2011）的要求进行。

（2）进行试验时，试品应干燥、清洁，试品温度达到环境温度后方可进行试验，户外试验应在良好的天气进行，且空气相对湿度一般不高于 80%。试验时应测量和记录试验环境的温湿度及气压。

（3）交流 220kV 及以下电压等级的带电作业工具、装置和设备，采用 1min 交流耐压试；交流 330kV 及以上电压等级的带电作业工具、装置和设备，采用 3min 交流耐压试验和操作冲击耐压试验。非标准电压等级的带电作业工具、装置和设备的交流耐压试验值，可根据本规程规定的相邻电压等级按插入法计算。

（4）经预防性试验合格的带电作业工具、装置和设备应在明显位置贴上试验合格标志，内容应包含检验周期、检验日期等信息，标志的式样和要求见 DL/T 976—2017 附录 A。

3. 预防性试验

针对 10kV 配网不停电作业工具、装置和设备预防性试验，其对应的条款如下：

（1）绝缘工具第 5 条预防性试验：绝缘操作杆（第 5.1 条），绝缘支、拉、吊杆（第 5.2

条），绝缘硬梯（第5.4条），绝缘绳索类工具（第5.5条），绝缘滑车（第5.7条），绝缘手工工具（第5.8条），绝缘横担、绝缘平台（第5.9条），绝缘紧线器（第5.10条）；

（2）安全防护用具第7条预防性试验：绝缘手套（第7.1条），绝缘袖套（第7.2条），绝缘服（披肩）（第7.3条），绝缘鞋（靴）（第7.4条），绝缘安全帽（第7.5条），绝缘毯（第7.6条），绝缘垫（第7.7条），遮蔽罩（第7.8条）；

（3）检测工具第8条预防性试验：核相仪（第8.1条），验电器（第8.2条）；

（4）检修装置及设备第9条预防性试验：绝缘斗臂车（第9.1条），10kV 带电作业用消弧开关（第9.7条），10kV 旁路作业设备（第9.8条）。

7.2.3　《微网发电车作业运行规程》（Q/GDW06 10027—2020）

本标准规定了 10kV 及以下电压等级"微网"发电作业实施的技术原则与流程规范，规程中提到的"微网"均为交流微电网，用于指导国网山东省电力公司经营区域内 10kV 及以下电压等级的"微网"发电作业相关工作，主要条款宣贯如下。

1. 术语和定义

依据 Q/GDW06 10027—2020 中 3，有如下规定。

（1）微电网（微网）是指由分布式电源、储能装置、能量转换装置、负荷、监控和保护装置等组成的小型发配电系统。

（2）"微网"发电组网是指针对现有 10kV 配电线路和设备，利用发电作业装备提供电源，组成临时小型独立电网系统，为指定范围内用户供电。

（3）中压发电车是指装有电源装置的专用车，可装配柴油发电机组、燃气发电机组，输出电压为 10（20）kV，可用于中压线路停电区段的短时供电。

（4）低压发电车是指装有电源装置的专用车，可装配电瓶组、柴油发电机组、燃气发电机组，输出电压为 0.4kV，可用于停电台区的短时供电。

（5）移动箱变车是指配备高压开关设备、配电变压器和低压配电装置，实现临时供电（高压系统向低压系统输送电能）的专用车辆。

（6）中压发电车单机发电作业是指利用单台中压发电车，通过停电或带电接入的方式对指定区域的中压负荷进行临时供电。

（7）中压发电车并机发电作业是指利用多台中压发电车，通过停电或带电接入的方式对指定区域的中压负荷进行临时供电。

（8）中低压发电车协同发电作业是指利用中压发电车、低压发电车协同作业方式对大范围、多区域的中、低压负荷进行临时供电。

（9）中压发电车与移动箱变协同发电作业，指利用中压发电车、移动箱变车协同作业方式对大范围、多区域的中、低压负荷进行临时供电。

2. 典型"微网"发电作业场景

依据 Q/GDW06 10027—2020 中 4，有如下规定。

（1）中压发电车单机停电接入发电作业，如图7-2所示。

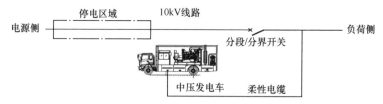

图7-2　中压发电车单机停电接入发电作业示意图

（2）中压发电车单机带电接入发电作业，如图7-3所示。

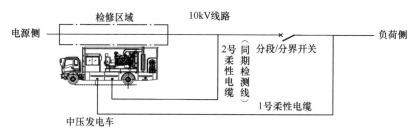

图7-3　中压发电车单机带电接入发电作业示意图

（3）中压发电车并机停电接入发电作业，如图7-4所示。

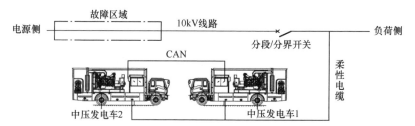

图7-4　中压发电车并机停电接入发电作业示意图（图中CAN-并机通信线）

（4）中压发电车并机带电接入发电作业，如图7-5所示。

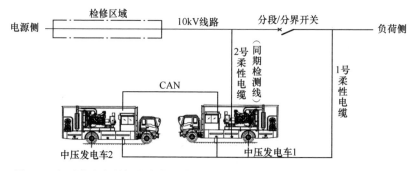

图7-5　中压发电车并机带电接入发电作业示意图（图中CAN-并机通信线）

（5）中低压发电车协同停电接入发电作业，如图7-6所示。

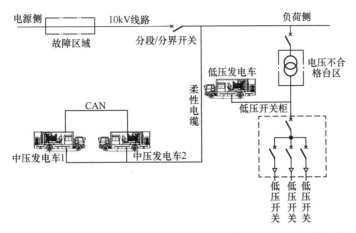

图 7-6　中低压发电车协同停电接入发电作业示意图（图中 CAN-并机通信线）

（6）中低压发电车协同带电接入发电作业，如图 7-7 所示。

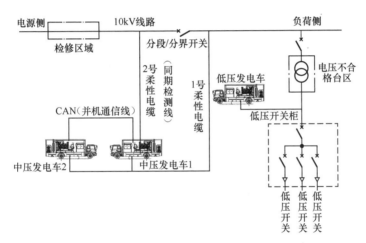

图 7-7　中低压发电车协同带电接入发电作业示意图

（7）中压发电车与移动箱变车协同停电接入发电作业，如图 7-8 所示。

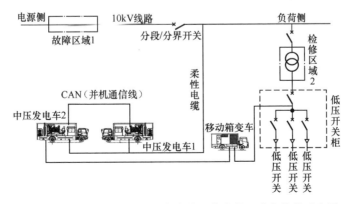

图 7-8　中压发电车与移动箱变车协同停电接入发电作业示意图

（8）中压发电车与移动箱变车协同带电接入发电作业，如图 7-9 所示。

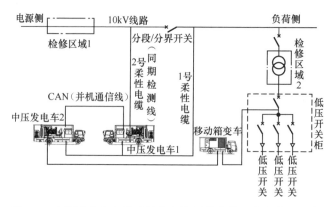

图 7-9 中压发电车与移动箱变车协同带电接入发电作业示意图

7.2.4 《国家电网有限公司电力安全工作规程 第 8 部分：配电部分》（Q/GDW 10799.8—2023）

Q/GDW 10799.8—2023 规定了本文件规定了工作人员在 20kV 及以下配电作业现场应遵守的基本安全要求，适用于公司系统所管理的运用中的 20kV 及以下配电线路、配电设备和用户电气设备上及相关场所的工作，主要条款宣贯如下。

1．术语和定义

依据 Q/GDW 10799.8—2023 中 3，有如下规定。

（1）低电压用于配电的交流系统中 1000V 及其以下的电压等级。

（2）高电压：① 通常指超过低压的电压等级。② 特定情况下，指电力系统中输电的电压等级。

（3）配电线路：20kV 及以下配电网中的架空线路、电缆线路及其附属设备等。

（4）配电设备：20kV 及以下配电网中的配电站、开关站、箱式变电站、柱上变压器、柱上开关（包括柱上断路器、柱上负荷开关）、跌落式熔断器、环网单元、电缆分支箱、低压配电箱、电表计量箱、充电桩等。

（5）运用中的电气设备，一部分带有电压或一经操作即带有电压的电气设备。

（6）故障紧急抢修工作，电气设备发生故障被迫紧急停止运行，需要短时间内恢复的抢修或排除故障的工作。

2．作业人员

依据 Q/GDW 10799.8—2023 第 4.1 条，有如下规定。

（1）经医师鉴定，无妨碍工作的病症（体格检查每两年至少一次）。

（2）具备必要的安全生产知识，学会 DL/T 692 的紧急救护法，特别要掌握触电急救。

（3）具备必要的电气知识和业务技能，并按工作性质，熟悉本文件的相关部分，并经考试合格。

（4）参与公司系统所承担电气工作的外单位或外来人员应熟悉本文件；参加工作前，应经考试合格，并经设备运维管理单位认可。作业前，设备运维管理单位应告知现场电气设备接线情况。

（5）对本文件应每年考试一次。因故间断电气工作连续三个月及以上者，恢复工作前应重新学习本文件，并经考试合格。

（6）特种作业人员参加工作前，应经专门的安全作业培训，考试合格，并经单位批准。

（7）新参加电气工作的人员、实习人员和临时参加劳动的人员（管理人员、非全日制用工等），下现场参加指定的工作前，应经过安全生产知识教育，且不应单独工作。

（8）正确佩戴和使用劳动防护用品。进入作业现场应正确佩戴安全帽，现场作业人员还应穿全棉长袖工作服、绝缘鞋。

（9）进出配电站、开关站应随手关门。

（10）不应擅自开启直接封闭带电部分的高压配电设备柜门、箱盖、封板等。

（11）各单位应发布可单人工作的人员名单和工作范围。

3. 安全组织措施

依据 Q/GDW 10799.8—2023 第 5.1 条的规定，在配电线路和设备上工作的安全组织措施如下。

（1）现场勘察制度；

（2）工作票制度；

（3）工作许可制度；

（4）工作监护制度；

（5）工作间断、转移制度；

（6）工作终结制度。

4. 安全技术措施

依据 Q/GDW 10799.8—2023 第 6.1 条的规定，在配电线路和设备上停电工作的安全技术措施如下。

（1）停电；

（2）验电；

（3）接地；

（4）悬挂标示牌和装设遮栏（围栏）。

5. 带电作业"一般要求"

依据 Q/GDW 10799.8—2023 第 11.1 条，有如下规定。

（1）Q/GDW 10799.8—2023 的规定适用于在海拔 1000m 及以下交流 10（20）kV 的高压配电线路上，采用绝缘杆作业法和绝缘手套作业法进行的带电作业。其他等级高压配电线路可参照执行。

（2）在海拔 1000m 以上进行带电作业时，应根据作业区不同海拔，修正各类空气与固体绝缘的安全距离和长度等，并编制带电作业现场安全规程，经本单位批准后执行。

（3）带电作业的工作票签发人和作业人员参加相应作业前，应经专门培训、考试合格、单位批准。带电作业的工作票签发人和工作负责人、专责监护人应具有带电作业实践经验。

（4）带电作业应有人监护。监护人不应直接操作，监护的范围不应超过一个作业点。复杂或高杆塔作业，必要时应增设专责监护人。

（5）工作负责人在带电作业开始前，应与值班调控人员或运维人员联系。需要停用重合闸的作业和带电断、接引线工作应由值班调控人员或运维人员履行许可手续。带电作业结束后，工作负责人应及时向值班调控人员或运维人员汇报。

（6）带电作业应在良好天气下进行，作业前应进行风速和湿度测量。风力大于 5 级，或湿度大于 80%时，不宜带电作业。若遇雷电、雪、雹、雨、雾等不良天气，不应带电作业。

（7）带电作业过程中若遇天气突然变化，有可能危及人身及设备安全时，应立即停止工作，撤离人员，恢复设备正常状况，或采取临时安全措施。

（8）带电作业项目，应勘察配电线路是否符合带电作业条件、同杆（塔）架设线路及其方位和电气间距、作业现场条件和环境及其他影响作业的危险点，并根据勘察结果确定带电作业方法、所需工具以及应采取的措施。

（9）使用带电作业新项目或研制的新工具前，应进行试验论证，确认安全可靠，制定出相应的操作工艺方案和安全技术措施，并经本单位批准。

6. 带电作业"安全技术措施"

依据 Q/GDW 10799.8—2023 第 11.2，有如下规定。

（1）在配电线路上采用绝缘杆作业法时，人体与带电体的最小距离不应小于表 4 的规定（10kV，海拔 $H \leqslant 3000m$，最小距离 0.4m），此距离不包括人体活动范围。

（2）高压配电线路不应进行等电位作业。

（3）在带电作业过程中，若线路突然停电，作业人员应视线路仍然带电。工作负责人应尽快与调度控制中心或设备运维管理单位联系，值班调控人员或运维人员未与工作负责人取得联系前不应强送电。

（4）在带电作业过程中，工作负责人发现或获知相关设备发生故障，应立即停止工作，撤离人员，并立即与值班调控人员或运维人员取得联系。值班调控人员或运维人员发现相关设备故障，应立即通知工作负责人。

（5）带电作业期间，与作业线路有联系的馈线须倒闸操作的，应征得工作负责人的同意；倒闸操作前，带电作业人员应撤离带电部位。

（6）带电作业有下列情况之一者，应停用重合闸，并不应强送电：①中性点有效接地的系统中有可能引起单相接地的作业；②中性点非有效接地的系统中有可能引起相间短路的作业；③工作票签发人或工作负责人认为需要停用重合闸的作业。不应约时停用或恢复重合闸。

（7）带电作业，应穿戴绝缘防护用具（绝缘服或绝缘披肩或绝缘袖套、绝缘手套、绝缘鞋、绝缘安全帽等）。带电断、接引线作业应戴护目镜，使用的安全带应有良好的绝缘性能。带电作业过程中，不应摘下绝缘防护用具。

（8）对作业中可能触及的其他带电体及无法满足安全距离的接地体（导线支承件、金属紧固件、横担、拉线等）应采取绝缘遮蔽措施。

（9）作业区域带电体、绝缘子等应采取相间、相对地的绝缘隔离（遮蔽）措施。不应同时接触两个非连通的带电体或同时接触带电体与接地体。

（10）绝缘操作杆、绝缘承力工具和绝缘绳索的有效绝缘长度不应小于表 5 的规定（10kV，绝缘操作杆 0.7m，绝缘承力工具、绝缘绳索 0.4m）。

（11）带电作业时不应使用非绝缘绳索（如棉纱绳、白棕绳、钢丝绳等）。

（12）更换绝缘子、移动或开断导线的作业，应有防止导线脱落的后备保护措施。开断导线时不应两相及以上同时进行，开断后应及时对开断的导线端部采取绝缘包裹等遮蔽措施。

（13）在跨越处下方或邻近带电线路或其他弱电线路的档内进行带电架、拆线的工作前，应制定可靠的安全技术措施，并经本单位批准。

（14）斗上双人带电作业，不应同时在不同相或不同电位作业。

（15）地电位作业人员不应直接向进入电场的作业人员传递非绝缘物件。上、下传递工具、材料均应使用绝缘绳绑扎，不应抛掷。

（16）作业人员进行换相工作转移前，应得到监护人的同意。

（17）带电、停电配合作业的项目，在带电、停电作业工序转换前，双方工作负责人应进行安全技术交接，并确认无误。

7. 带电作业"带电断、接引线"

依据 Q/GDW 10799.8—2023 第 11.3 条，有如下规定。

（1）不应带负荷断、接引线。

（2）不应用断、接空载线路的方法使两电源解列或并列。

（3）带电断、接空载线路前，应确认后端所有断路器（开关）、隔离开关（刀闸）已断开，变压器、电压互感器已退出运行。

（4）带电断、接空载线路所接引线长度应适当，与周围接地构件、不同相带电体应有足够安全距离，连接应牢固可靠。断、接时应有防止引线摆动的措施。

（5）带电接引线时触及未接通相的导线前，或带电断引线时触及已断开相的导线前，应采取防感应电措施。

（6）带电断、接空载线路时，作业人员应戴护目镜，并应采取消弧措施。断、接线路为空载电缆等容性负载时，应根据线路电容电流的大小，采用带电作业用消弧开关及操作杆等专用工具。

（7）带电断开架空线路与空载电缆线路的连接引线之前，应检查电缆所连接的开关设备状态，确认电缆空载。

（8）带电接入架空线路与空载电缆线路的连接引线之前，应确认电缆线路试验合格，对侧电缆终端连接完好，接地已拆除，并与负荷设备断开。

8. 带电作业"带电短接设备"

依据 Q/GDW 10799.8—2023 第 11.4 条，有如下规定。

（1）用绝缘引流线或旁路电缆短接设备前，应闭锁断路器（开关）跳闸回路，短接时应核对相位，载流设备应处于正常通流或合闸位置。

（2）旁路带负荷更换开关设备的绝缘引流线的截面积和两端线夹的载流容量，应满足最大负荷电流的要求。

（3）带负荷更换高压隔离开关（刀闸）、跌落式熔断器，安装绝缘引流线时应防止高压隔离开关（刀闸）、跌落式熔断器意外断开。

（4）绝缘引流线或旁路电缆两端连接完毕且遮蔽完好后，应检测通流情况正常。

（5）短接故障线路、设备前，应确认故障已隔离。

9. 带电作业"高压电缆旁路作业"

依据 Q/GDW 10799.8—2023 第 11.5 条，有如下规定。

（1）采用旁路作业方式进行电缆线路不停电作业时，旁路电缆两侧的环网柜等设备均应带断路器（开关），并预留备用间隔。负荷电流应小于旁路系统额定电流。

（2）旁路电缆终端与环网柜（分支箱）连接前应进行外观检查，绝缘部件表面应清洁、干燥，无绝缘缺陷，并确认环网柜（分支箱）柜体可靠接地；若选用螺栓式旁路电缆终端，应确认接入间隔的断路器（开关）已断开并接地。

（3）电缆旁路作业，旁路电缆屏蔽层应在两终端处引出并可靠接地，接地线的截面积不宜小于 $25mm^2$。

（4）采用旁路作业方式进行电缆线路不停电作业前，应确认两侧备用间隔断路器（开关）及旁路断路器（开关）均在断开状态。

（5）旁路电缆使用前应进行试验，试验后应充分放电。

（6）旁路电缆安装完毕后，应设置安全围栏和"止步，高压危险！"标示牌，防止旁路电缆受损或行人靠近旁路电缆。

10. 带电作业"带电立、撤杆"

依据 Q/GDW 10799.8—2023 第 11.6 条，有如下规定。

（1）作业前，应检查作业点两侧电杆、导线及其他带电设备是否固定牢靠，必要时应采取加固措施。

（2）作业时，杆根作业人员应穿绝缘靴、戴绝缘手套；起重设备操作人员应穿绝缘鞋或绝缘靴。起重设备操作人员在作业过程中不应离开操作位置。

【注】重点关注"穿绝缘靴、戴绝缘手套"。

（3）立、撤杆时，起重工器具、电杆与带电设备应始终保持有效的绝缘遮蔽或隔离措施，并有防止起重工器具、电杆等的绝缘防护及遮蔽器具绝缘损坏或脱落的措施。

（4）立、撤杆时，应使用足够强度的绝缘绳索作拉绳，控制电杆的起立方向。

11．带电作业"使用绝缘斗臂车的作业"

依据 Q/GDW 10799.8—2023 第 11.7 条，有如下规定。

（1）绝缘斗臂车应根据 DL/T 854 定期检查。

【注】"DL/T 854"是指《带电作业用绝缘斗臂车使用导则》（DL/T 854—2017 代替 DL/T 854—2004）。

（2）绝缘臂的有效绝缘长度应大于 1.0m（10kV）、1.2m（20kV），下端宜装设泄漏电流监测报警装置。

（3）绝缘斗不应超载工作。

1）绝缘斗臂车操作人员应服从工作负责人的指挥，作业时应注意周围环境及操作速度。在工作过程中，绝缘斗臂车的发动机不应熄火（电能驱动型除外）。接近和离开带电部位时，应由绝缘斗中人员操作。

2）绝缘斗臂车应选择适当的工作位置，支撑应稳固可靠；机身倾斜度不应超过制造厂的规定，必要时应有防倾覆措施。

3）绝缘斗臂车使用前应在预定位置空斗试操作一次，确认液压传动、回转、升降、伸缩系统工作正常、操作灵活，制动装置可靠。

4）绝缘斗臂车的金属部分在仰起、回转运动中，与带电体间的安全距离不应小于 0.9m（10kV）、1.0m（20kV）。工作中车体应使用不小于 16mm² 的软铜线良好接地。

12．带电作业"带电作业工器具的保管、使用和试验"

依据 Q/GDW 10799.8—2023 第 11.8 条，有如下规定。

（1）带电作业工具存放应符合 DL/T 974 的要求。

【注】"DL/T 974"是指《带电作业用工具库房》（DL/T 974—2018 代替 DL/T 974—2005）。

（2）带电作业工具的使用：①带电作业工具应绝缘良好、连接牢固、转动灵活，并按厂家使用说明书、现场操作规程正确使用。②带电作业工具使用前应根据工作负荷校核机械强度，并满足规定的安全系数。③运输过程中，带电绝缘工具应装在专用工具袋、工具箱或专用工具车内，以防受潮和损伤。发现绝缘工具受潮或表面损伤、脏污时，应及时处理，使用前应经试验或检测合格。④进入作业现场应将使用的带电作业工具放置在防潮的帆布或绝缘垫上，以防脏污和受潮。⑤不应使用有损坏、受潮、变形或失灵的带电作业装备、工具。操作绝缘工具时应戴清洁、干燥的手套。

（3）带电作业工器具预防性试验应符合 DL/T 976 的要求。

【注】"DL/T 976"是指《带电作业工具、装置和设备预防性试验规程》（DL/T 976—2017 代替 DL/T 976—2005）。

（4）带电作业遮蔽和防护用具试验应符合 GB/T 18857 的要求。

【注】"GB/T 18857"是指《配电线路带电作业技术导则》GB/T 18857—2019（代替 GB/T 18857—2008）。

7.3 规范类标准

配网不停电作业规范类标准见表 7-3，部分标准宣贯如下。

表 7-3   配网不停电作业规范类标准

序号	类别	名称
1	规范类	《10kV 配网不停电作业规范》（Q/GDW 10520—2016）
2		《配电带电作业工具库房车技术规范》（Q/GDW 11232—2014）
3		《配网带电作业绝缘斗臂车技术规范》（Q/GDW 11237—2014）
4		《旁路作业车技术规范》（Q/GDW 11238—2014）
5		《移动箱变车技术规范》（Q/GDW 11239—2014）
6		《带电作业操作规范架空配电线路机械化带电立撤杆》（T/CES 298—2024）
7		《配网带电作业机器人　第 1 部分：技术规范》（Q/GDW 12316.1—2023）
8		《配网带电作业机器人　第 2 部分：作业规范》（Q/GDW 12316.2—2023）

7.3.1 《10kV 配网不停电作业规范》（Q/GDW 10520—2016）

Q/GDW 10520—2016 规定了 10kV 配网不停电作业各级单位的职责、作业项目及分类、规划与统计管理、人员资质与培训管理、工器具与车辆管理以及资料管理等方面的要求，并提出了 10kV 配网不停电作业现场作业规范，适用于国家电网有限公司系统 10kV 配网架空线路、电缆线路不停电作业工作，主要条款宣贯如下。

【注】《配网不停电作业规范》新版标准正式颁布前，仍然以本标准（Q/GDW 10520—2016）为准。

1. 术语和定义

术语和定义给出了"不停电作业和旁路作业"两个术语，依据 Q/GDW 10520—2016 中 3，有如下规定。

（1）不停电作业，以实现用户的不停电或短时停电为目的，采用多种方式对设备进行检修的作业。

【注】不停电作业是从实现用户不停电的角度定义电力设备的检修工作，而带电作业是从电力设备带电运行状态定义检修工作，不停电作业强化了检修工作对用户的服务意识。

（2）旁路作业，通过旁路设备的接入，将配网中的负荷转移至旁路系统，实现待检修设备停电检修的作业方式。

2. 总则

总则主要说明 Q/GDW 10520—2016 的规定内容和适用范围，依据 Q/GDW 10520—2016 中 4，有如下规定。

（1）10kV 配网不停电作业（以下简称不停电作业）是提高配网供电可靠性的重要手段。为加强不停电作业管理，规范现场标准化作业流程，促进不停电作业的稳步发展，依据国家和行业的有关法规、规程及相关技术标准，结合不停电作业工作的实际情况，制定了本标准。

（2）本标准对不停电作业各级单位的职责、作业项目及分类、规划与统计管理、人员资质与培训管理、工器具与车辆管理以及资料管理等方面提出了规范性要求。

（3）本标准适用于国家电网有限公司系统 10kV 配网架空线路、电缆线路不停电作业工作。

（4）配网检修作业应遵循"能带不停"的原则。

【注】明确提出配网检修作业应遵循"能带不停"的原则，即配网检修工作应尽可能地采取不停电的方式进行。

3．项目分类

配网不停电作业项目按照作业难易程度分为四类 33 项（附录 A），依据 Q/GDW 10520—2016 中 6，有如下规定。

（1）不停电作业方式可分为绝缘杆作业法、绝缘手套作业法和综合不停电作业法。依据本标准（6）的规定：

【注】综合不停电作业法，是指综合运用绝缘杆作业法、绝缘手套作业法以及旁路（临时电缆）、发电车、移动箱变车等设备的大型作业项目。相对人员规模、工器具设备投入要求较高。

（2）常用配网不停电作业项目按照作业难易程度，可分为四类：

1）第一类为简单绝缘杆作业法项目。包括普通消缺及装拆附件、带电更换避雷器等。

【注】普通消缺及装拆附件包括：修剪树枝、清除异物、扶正绝缘子、拆除退役设备；加装或拆除接触设备套管、故障指示器、驱鸟器等，其中部分项目为临近带电体作业（指安全距离大于 0.4m，但小于 0.7m 的作业项目），临近带电体作业虽不属于严格意义的不停电作业，考虑到公司系统各单位在作业开展程度及资金投入上的差异性，特将临近带电体作业列入第一类项目（第一类项目无需配置绝缘斗臂车），以鼓励不停电作业在公司内各级单位的广泛开展。

2）第二类为简单绝缘手套作业法项目，包括带电断接引流线、更换直线杆绝缘子及横担、更换柱上开关或隔离开关等。

【注】带电，是指配电线路处于带电状态，需更换设备处于断开（拉开、开口）状态的作业项目，更换设备处不带负荷。第二类项目需配置绝缘斗臂车或绝缘工作平台，考虑到线间及对地安全距离的保持，建议工作过程中采用单斗单人作业方式，防止两人同时作业时误碰非作业相或接地体。

3）第三类为复杂绝缘杆作业法和复杂绝缘手套作业法项目。复杂绝缘杆作业法项目包括更换直线杆绝缘子及横担、带电断接空载电缆线路与架空线路连接引线等；复杂绝缘手套作业法项目包括带负荷更换柱上开关或隔离开关、直线杆改耐张杆等。

【注】带负荷，是指需更换设备处于闭合（合上、闭口）状态的作业项目。考虑到绝缘杆作业法中复杂项目的工作难度，及作业人员付出的体力强度，延续原《规范》将其列入第三类项目。

4）第四类为综合不停电作业项目，包括不停电更换柱上变压器、旁路作业检修架空线路、从环网箱（架空线路）等设备临时取电给环网箱（移动箱变）供电等。

【注】第四类项目综合不停电作业项目，属多种作业方式的较大规模配合协同工作。

4. 附录A"常用不停电作业项目分类（见表7-4）"

本标准附录 A"常用不停电作业项目分类"中，不停电作业时间考虑各单位装置、设备及作业方法不同取典型不停电作业时间；减少停电时间为不停电作业时间＋2h（设备停复役时间）；作业人数考虑各单位装置、设备及作业方法不同取典型不停电作业人数。现场实际作业人员可根据各单位实际情况适当增加。不停电作业时间、减少停电时间、作业人数仅作为生产管理系统（PMS）填报统计典型值，不作为实际作业要求。

表 7-4　　　　　　　　　　　　常用不停电作业项目分类表

序号	常用作业项目	作业类别	作业方式	不停电作业时间（h）	减少停电时间（h）	作业人数（人次）
1	普通消缺及装拆附件（包括：修剪树枝、清除异物、扶正绝缘子、拆除退役设备；加装或拆除接触设备套管、故障指示器、驱鸟器等）	第一类	绝缘杆作业法	0.5	2.5	4
2	带电更换避雷器	第一类	绝缘杆作业法	1	3	4
3	带电断引流线（包括：熔断器上引线、分支线路引线、耐张杆引流线）	第一类	绝缘杆作业法	1.5	3.5	4
4	带电接引流线（包括：熔断器上引线、分支线路引线、耐张杆引流线）	第一类	绝缘杆作业法	1.5	3.5	4
5	普通消缺及装拆附件（包括：清除异物、扶正绝缘子、修补导线及调节导线弧垂、处理绝缘导线异响、拆除退役设备、更换拉线、拆除非承力拉线；加装接地环；加装或拆除接触设备套管、故障指示器、驱鸟器等）	第二类	绝缘手套作业法	0.5	2.5	4
6	带电辅助加装或拆除绝缘遮蔽	第二类	绝缘手套作业法	1	2.5	4
7	带电更换避雷器	第二类	绝缘手套作业法	1.5	3.5	4
8	带电断引流线（包括：熔断器上引线、分支线路引线、耐张杆引流线）	第二类	绝缘手套作业法	1	3	4
9	带电接引流线（包括：熔断器上引线、分支线路引线、耐张杆引流线）	第二类	绝缘手套作业法	1	3	4
10	带电更换熔断器	第二类	绝缘手套作业法	1.5	3.5	4

续表

序号	常用作业项目	作业类别	作业方式	不停电作业时间（h）	减少停电时间（h）	作业人数（人次）
11	带电更换直线杆绝缘子	第二类	绝缘手套作业法	1	3	4
12	带电更换直线杆绝缘子及横担	第二类	绝缘手套作业法	1.5	3.5	4
13	带电更换耐张杆绝缘子串	第二类	绝缘手套作业法	2	4	4
14	带电更换柱上开关或隔离开关	第二类	绝缘手套作业法	3	5	4
15	带电更换直线杆绝缘子	第三类	绝缘杆作业法	1.5	3.5	4
16	带电更换直线杆绝缘子及横担	第三类	绝缘杆作业法	2	4	4
17	带电更换熔断器	第三类	绝缘杆作业法	2	4	4
18	带电更换耐张绝缘子串及横担	第三类	绝缘手套作业法	3	5	4
19	带电组立或撤除直线电杆	第三类	绝缘手套作业法	3	5	8
20	带电更换直线电杆	第三类	绝缘手套作业法	4	6	8
21	带电直线杆改终端杆	第三类	绝缘手套作业法	3	5	4
22	带负荷更换熔断器	第三类	绝缘手套作业法	2	4	4
23	带负荷更换导线非承力线夹	第三类	绝缘手套作业法	2	4	4
24	带负荷更换柱上开关或隔离开关	第三类	绝缘手套作业法	4	6	12
25	带负荷直线杆改耐张杆	第三类	绝缘手套作业法	4	6	5
26	带电断空载电缆线路与架空线路连接引线	第三类	绝缘杆作业法、绝缘手套作业法	2	4	4
27	带电接空载电缆线路与架空线路连接引线	第三类	绝缘杆作业法、绝缘手套作业法	2	4	4
28	带负荷直线杆改耐张杆并加装柱上开关或隔离开关	第四类	绝缘手套作业法	5	7	7
29	不停电更换柱上变压器	第四类	综合不停电作业法	2	4	12
30	旁路作业检修架空线路	第四类	综合不停电作业法	8	10	18
31	旁路作业检修电缆线路	第四类	综合不停电作业法	8	10	20
32	旁路作业检修环网箱	第四类	综合不停电作业法	8	10	20
33	从环网箱（架空线路）等设备临时取电给环网箱、移动箱变供电	第四类	综合不停电作业法	2	4	24

5. 附录 C "10kV配网不停电作业现场作业规范"

Q/GDW 10520—2016 附录 C 提供了四类 33 项 10kV 配网不停电作业项目的现场作业规范，每个现场作业规范都包含以下几个部分：

（1）项目名称（作业方式）。

（2）人员组合。

（3）作业方法。

（4）工具配备一览表（包括个人防护用具）。

（5）作业步骤（包括工具储运和检测、现场操作前的准备、操作步骤）。

（6）安全措施及注意事项（包括气象条件、作业环境、安全距离及有效绝缘长度、遮蔽措施、重合闸、关键点和其他安全注意事项）。

6. 统计与规划

Q/GDW 10520—2016 主要明确了各省电力公司应将配网不停电作业发展规划纳入运检专业规划统一管理。①"配电网发展规划和配网不停电作业目标"同步规划的原则；②对不停电作业统计及其统计指标的统计方法进行了统一。依据本标准（7）的规定：

（1）各省公司不再单独制定配网不停电作业发展规划，但应将其纳入运检专业规划统一管理，配网发展、建设应考虑在装置、布局（包括线间距离、对地距离等）上向有利于不停电作业工作方向发展。

（2）应按月进行不停电作业统计、报送，并做好年度总结工作。根据规划和实际情况，编制次年不停电作业工作计划，经分管领导批准后执行。

（3）不停电作业应统计：作业次数、作业时间、减少停电时户数、多供电量、工时数、提高供电可靠率、带电作业化率（统计方法见附录 B）。

7. 人员资质与培训管理

Q/GDW 10520—2016 主要对带电作业人员资质申请、复核和专项作业培训要求进行了规范，依据本标准（8）的规定：

（1）不停电作业人员应从具备配电专业初级及以上技能水平的人员中择优录用，并持证上岗。

【注】持证上岗：不停电作业人员所持证书指经国网公司级和省公司级配网不停电作业实训基地培训并考核合格，取得的配网不停电作业资质证书。不停电作业人员是指杆上或斗内作业人员，作业中直接接触或通过绝缘工具接触带电设备，不包含地面辅助作业人员，地面辅助人员要求见本标准第 8.4 条。

（2）停电作业人员资质申请、复核和专项作业培训按照分级分类方式由国家电网公司级和省公司级配网不停电作业实训基地分别负责。国家电网公司级基地负责一至四类项目的培训及考核发证；省公司级基地负责一、二类项目的培训及考核发证。不停电作业实训基地资质认证和复核执行国家电网公司《带电作业实训基地资质认证办法》相关规定。

（3）绝缘斗臂车等特种车辆操作人员及电缆、配网设备操作人员须经培训、考试合格后，持证上岗。

（4）工作票签发人、地面辅助电工等不直接登杆或上斗作业的人员须经省公司级基地进行不停电作业专项理论培训、考试合格后，持证上岗。

【注】工作票许可人、地面辅助电工等不直接登杆或上斗作业的人员需经省公司级基地进行不停电作业专项理论培训、考试合格后，持证上岗。考虑基层单位不停电作业人员配备实际困难，许可人和地面辅助人员不要求取得的配网不停电作业资质证书，但应熟悉不停电作业工作相关理论知识，具有培训合格证。

（5）国家电网有限公司带电作业实训基地应积极拓展与不停电作业发展相适应的培训项目，加强师资力量，加大培训设备设施的投入，满足不停电作业培训工作的需要。

（6）尚未开展第三、第四类配网不停电作业项目的单位应在连续从事第一、第二类作业项目满 2 年人员中择优选择作业人员，经国网公司级实训基地专项培训并考核合格后，方可开展。

【注】国家电网有限公司带电作业资质培训考核标准（2016 年修订稿）中已取得配网不停电作业（简单项目）资质证书的人员，从事相关工作 1 年及以上并取得中级及以上职业资格证书的即可申请复杂项目取证，本条款要求是指尚未开展三、四类的单位，要求取得简单项目证书后从事不停电作业 2 年以上，要求严于资质培训考核标准。

（7）各基层单位应针对不停电作业特点，定期组织不停电作业人员进行规程、专业知识的培训和考试，考试不合格者，不得上岗。经补考仍不合格者应重新进行规程和专业知识培训。

【注】经补考仍不合格者其资质证书应上交至本单位职能管理部门，经一定形式的培训并考核合格后方可取回资质证书参加不停电作业工作。

（8）基层单位应按有关规定和要求，认真开展岗位培训工作，每月应不少于 8 个学时。

【注】岗位培训是不停电作业不可或缺的培训方式，本条规定了岗位培训的最短时间，各单位应加大不停电作业岗位培训力度。

（9）不停电作业人员脱离本工作岗位 3 个月以上者，应重新学习《国网配电安规》和带电作业有关规定，并经考试合格后，方能恢复工作；脱离本工作岗位 1 年以上者，收回其带电作业资质证书，需返回带电作业岗位者，应重新取证。

（10）工作负责人和工作票签发人按《国家电网有限公司电力安全工作规程（配电部分）》所规定的条件和程序审批。

（11）配网不停电作业人员不宜与输、变电专业带电作业人员、停电检修作业人员混岗。人员队伍应保持相对稳定，人员变动应征求本单位主管部门的意见。

8. 资料管理

不停电作业资料的积累对不停电作业的长期发展有着极大的推动和促进作用，开展不停电作业的单位应做好带电作业技术资料管理与记录工作，应妥善保管不停电作业技术档案和资料，逐步实现数字化管理，依据 Q/GDW 10520—2016 中 11，有如下规定。

（1）开展不停电作业的单位应备有以下技术资料和记录：

1）国家、行业及公司系统不停电作业相关标准、导则、规程及制度。

2）不停电作业现场操作规程、规章制度、标准化作业指导书（卡）。

3）工作票签发人、工作负责人名单和不停电作业人员资质证书。

4）不停电作业工作有关记录。

5）不停电作业工器具台账、出厂资料及试验报告。

6）不停电作业车辆台账及定期检查、试验和维修的记录。

7）不停电作业技术培训和考核记录。

8）系统一次接线图、参数等图表。

9）不停电作业事故及重要事项记录。

10）其他资料。

（2）不停电作业单位应妥善保管不停电作业技术档案和资料。

（3）各省公司应按照国家电网有限公司不停电作业管理有关规定和要求，及时上报不停电作业工作中的重大事件和重要工作动态信息。

7.3.2 《配网带电作业机器人 第2部分：作业规范》（Q/GDW 12316.2—2023）

配电带电作业机器人标准包括《配电带电作业机器人作业规程》（DL/T 2318—2021）、《配网带电作业机器人 第1部分：技术规范》（Q/GDW 12316.1—2023）以及《配网带电作业机器人 第2部分：作业规范》（Q/GDW 12316.2—2023）。

本标准规定了配电线路机器人带电作业的一般要求、工作制度、作业方式、技术要求及安全事项的要求，并提出了配网带电作业机器人现场作业规范，适用于海拔3000m 及以下地区 10kV 配电架空线路使用机器人进行的带电检修和维护作业，部分条款宣贯如下。

1. 术语和定义

依据 Q/GDW 12316.2—2023 中 3，有如下规定。

（1）配网带电作业机器人，通过人机协同或自主模式替代或辅助作业人员开展配网线路带电作业的机器人系统，由机器人本体、末端作业工具、移动控制终端和绝缘承载平台等部分组成，以下简称"机器人"。

（2）自主配网带电作业机器人，在地面操作人员监控下，可实现自主识别定位、路径规划、末端工具更换，自动执行带电作业任务的配网带电作业机器人，以下简称"自主机器人"。

（3）人机协同配网带电作业机器人，需要绝缘承载平台斗内带电作业人员辅助识别作业对象或协同实施作业步骤，协作配合执行带电作业任务的配网带电作业机器人，以下简称"人机协同机器人"。

（4）机器人本体，固定在绝缘承载平台上，可实现带电作业功能的装置，包括作业机械臂、控制单元、识别定位模块、监控模块以及电源模块等部分。

（5）末端作业工具，配置在机械臂末端用于完成特定带电作业步骤的自动作业装置，包括：绝缘导线剥皮工具、线夹安装工具、螺栓松紧工具、断线工具等，以下简称"末端工具"。

（6）移动控制终端，可远程接收机器人带电作业画面，并对机器人进行操作的控制装置。

（7）人机交互终端，用于斗内电工进行作业指令发布、确认，操作人机协同机器人完成带电作业的交互装置。

（8）绝缘承载平台，由底盘车、绝缘高架装置等组成，满足配网带电作业机器人安装和带电作业需求的承载装置。

（9）绝缘连接件，隔离并支撑末端作业工具，与作业机械臂连接的绝缘结构。

（10）机械臂绝缘衣，具有一定的电压耐受能力，为作业机械臂提供绝缘防护的外壳。

2．技术路线

依据 Q/GDW 12316.2—2023 第6.1条，有如下规定。

配网带电作业机器人技术路线，应根据机器人智能技术的发展，先以人机协同作业为主，再发展到自主机器人作业。

3．人机协同作业

依据 Q/GDW 12316.2—2023 第6.2条，有如下规定。

（1）人机协同作业方式下，机器人在绝缘承载平台斗内作业人员的辅助控制下进行识别定位、路径规划、操作动作、末端工具更换等工作，作业人员穿戴绝缘防护用具使用绝缘杆等工具进行配合，共同完成全部作业流程。典型作业项目操作规程见附录 A。

（2）人机协同作业方式下，绝缘承载平台的绝缘臂、工作斗、绝缘连接件和绝缘杆为相地主绝缘，空气间隙为相间主绝缘，机械臂绝缘衣、绝缘遮蔽用具、绝缘防护用具为辅助绝缘。

（3）人机协同作业方式下，斗内作业人员应按照 GB/T 18857 中绝缘杆作业法的要求，穿戴绝缘防护用具，通过绝缘杆进行作业。作业人员须与带电体保持规定的安全距离，对作业范围内不满足安全距离的设备应设置绝缘遮蔽。

（4）作业过程中有可能引起不同电位设备之间发生短路或接地故障时，应对设备设置绝缘遮蔽。

4．自主机器人作业

依据 Q/GDW 12316.2—2023 第6.3条，有如下规定。

（1）自主机器人作业方式下，机器人在绝缘承载平台上进行自主识别定位、路径规划、操作动作、末端工具更换、导线绝缘层剥除、引流线夹安装等工作，辅以地面操作人员确认，完成全部作业流程。典型作业项目操作规程见附录 A。

（2）自主机器人作业方式下，绝缘承载平台的绝缘臂、机器人工作斗、绝缘连接件为相地主绝缘，空气间隙为相间主绝缘，机械臂绝缘衣为辅助绝缘。

（3）作业过程中有可能引起不同电位设备之间发生短路或接地故障时，机器人应能自主完成对设备安装和拆除绝缘遮蔽。

5．人机协同配网带电作业机器人作业实例

带电作业机器人组成如图7-10所示，国内生产的配网带电作业机器人系统主要由机器人本体、操控终端、智能作业系统以及智能工具组成，通常安装在绝缘斗臂车的绝缘斗上。目前可以实地开展的作业项目如下。

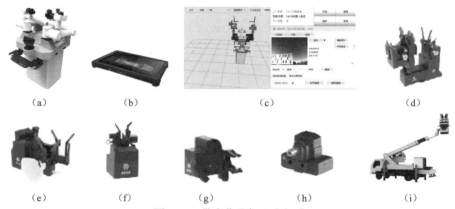

（a） （b） （c） （d）

（e） （f） （g） （h） （i）

图7-10 带电作业机器人组成

（a）机器人本体；（b）操控终端；（c）智能作业系统；（d）智能剥线工具；（e）智能接线工具；（f）智能断线工具；
（g）智能拆装避雷器工具；（h）智能套筒扳手；（i）绝缘斗臂车+机器人本体

（1）带电接引流线作业场景，如图7-11所示。

（a） （b） （c） （d）

图7-11 带电接引流线作业场景

（a）抓取引流线；（b）穿引流线；（c）剥导线绝缘皮；（d）接引流线

（2）带电断引流线作业场景，如图7-12所示。

（a） （b）

图7-12 带电断引流线作业场景

（a）断上端引流线；（b）断下端引流线

（3）带电安装故障指示器作业场景，如图 7-13 所示。

（a）　　　　　　　　　　　　（b）

图 7-13　带电安装故障指示器作业场景

（a）取故障指示器；（b）安装故障指示器

（4）带电安装接地环作业场景，如图 7-14 所示。

（a）　　　　　　　　　　　（b）　　　　　　　　　　　（c）

图 7-14　带电安装接地环作业场景

（a）取接地环；（b）剥导线绝缘皮；（c）安装接地环

（5）线路核相作业场景，如图 7-15 所示。

（a）　　　　　　　　　　　　（b）

图 7-15　线路核相作业场景

（a）检测 AB 相位差；（b）检测 AC 相位差

（6）带电加装间隙吹弧式避雷器作业场景，如图 7-16 所示。

（a）　　　　　　　　　　　　（b）

图 7-16　带电加装间隙吹弧式避雷器作业场景

（a）安装避雷器；（b）连接避雷器引线

（7）带电安装磁吸式驱鸟器作业场景，如图 7-17 所示。

图 7-17　带电安装磁吸式驱鸟器作业场景

（8）带电更换针式绝缘子作业场景，如图 7-18 所示。

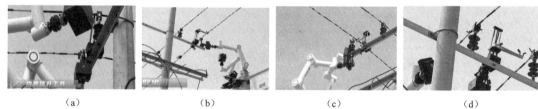

（a）　　　　　　　　（b）　　　　　　　　（c）　　　　　　　　（d）

图 7-18　带电更换针式绝缘子作业场景

（a）放置顶升工具；（b）取出旧绝缘子；（c）安装新绝缘子；（d）拆除顶升工具

（9）带电安装过压保护器作业场景，如图 7-19 所示。

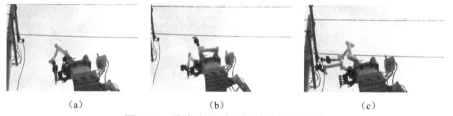

（a）　　　　　　　　　　（b）　　　　　　　　　　（c）

图 7-19　带电安装过压保护器作业场景

（a）取过压保护器；（b）取紧固螺母；（c）安装过压保护器

（10）清理树障作业场景，如图 7-20 所示。

（a）　　　　　　　　　　（b）

图 7-20　清理树障作业场景

（a）锯树枝；（b）激光刀清除树障

（11）带电更换跌落式避雷器作业场景，如图 7-21 所示。

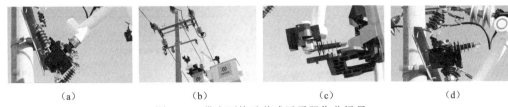

| （a） | （b） | （c） | （d） |

图 7-21　带电更换跌落式避雷器作业场景

（a）拆除旧避雷器；（b）回收旧避雷器；（c）取新避雷器；（d）安装新避雷器

（12）挂、拆旁路引下电缆作业场景，如图 7-22 所示。

| （a） | （b） | （c） |

图 7-22　挂、拆旁路引下电缆作业场景

（a）挂绝缘承重绳；（b）安装旁路引下电缆；（c）拆除旁路引下电缆

（13）挂、拆接地线作业场景，如图 7-23 所示。

| （a） | （b） | （c） |

图 7-23　挂、拆接地线作业场景

（a）识别接地环位置；（b）挂接地线；（c）拆除接地线

7.4　导 则 类 标 准

配网不停电作业导则类标准见表 7-5，部分标准宣贯如下。

表 7-5　　　　　　　　　　　配网不停电作业导则类标准

序号	类别	名称
1	导则类	《配电线路带电作业技术导则》（GB/T 18857—2019 代替 GB/T 18857—2008）
2		《配电线路旁路作业技术导则》（GB/T 34577—2017）

序号	类别	名称
3		《10kV 电缆线路不停电作业技术导则》(Q/GDW 710—2012)
4		《带电作业工具基本技术要求与设计导则》(GB/T 18037—2008)
5		《带电作业用绝缘斗臂车使用导则》(DL/T 854—2017 代替 DL/T 854—2004)
6		《带电作业绝缘配合导则》(DL/T 876—2004)
7		《带电作业用绝缘工具试验导则》(DL/T 878—2004)
8		《带电作业工具、装置和设备的质量保证导则》(DL/T 972—2005)
9		《10kV 带电作业用绝缘平台使用导则》(Q/GDW 698—2011)
10		《10kV 带电作业用绝缘防护用具、遮蔽用具技术导则》(Q/GDW 711—2012)
11	导则类	《10kV 旁路电缆连接器使用导则》(Q/GDW 1812—2013)
12		《10kV 不停电作业友好型架空配电线路评估导则》(T/CES 295—2024)
13		《电力企业配网不停电作业能力建设评价导则》(T/CES 075—2021)
14		《工程企业配网不停电作业服务能力评价导则》(T/CES 269—2024)
15		《配电带电作业人员高空救援技术导则》(DL/T 2651—2023)
16		《安全标志及其使用导则》(GB 2894—2008 代替 GB 18217—2000/2894—1996/16179—1996)
17		《配电网技术导则》(Q/GDW 10370—2016)
18		《配电网规划设计技术导则》(DL/T 5729—2016)

7.4.1 《配电线路带电作业技术导则》(GB/T 18857—2019 代替 GB/T 18857—2008)

本标准作为其纲领性技术导则,规定了本标准规定了 10～35kV 电压等级配电线路带电作业的一般要求、工作制度、作业方式、技术要求、工器具的试验及运输、作业注意事项及典型作业项目等,适用于海拔 4500m 及以下地区 10kV 电压等级配电线路和海拔 1000m 及以下地区的 20～35kV 电压等级配电线路的带电检修和维护作业,主要条款宣贯如下。

1．术语和定义

依据 GB/T 18857—2019 中 3,有如下规定。

(1)绝缘防护用具,由绝缘材料制成,在带电作业时对人体进行安全防护的用具。包括绝缘安全帽、绝缘袖套、绝缘披肩、绝缘服、绝缘裤、绝缘手套、绝缘鞋(靴)等。

(2)绝缘遮蔽用具,由绝缘材料制成,用来遮蔽或隔离带电体和邻近的接地部件的硬质或软质用具。

【注】绝缘防护用具和绝缘遮蔽用具,作为配电带电作业用辅助绝缘,是指隔离人体与带电体或遮蔽(隔离)带电体或接地体的保护作用,要求耐压水平不小于 20kV 的绝缘用具。

（3）绝缘操作工具，用绝缘材料制成的操作工具，包括以绝缘管、棒、板为主绝缘材料，端部装配金属工具的硬质绝缘工具和以绝缘绳为主绝缘材料制成的软质绝缘工具。

（4）绝缘承载工具，承载作业人员进入带电作业位置的固定式或移动式绝缘承载工具，包括绝缘斗臂车、绝缘梯、绝缘平台等。

【注】绝缘操作工具和绝缘承载工具，作为配电带电作业用主绝缘工具，是指隔离电位起主要作用的电介质，耐压水平不小于45kV的绝缘工具。

2.　绝缘杆作业法

依据 GB/T 18857—2019 第6.1条，有如下规定。

（1）绝缘杆作业法，绝缘杆作业法是指作业人员与带电体保持规定的安全距离，穿戴绝缘防护用具，通过绝缘杆进行作业的方式。典型作业项目及操作导则可参照 GB/T 18857—2019 附录 A。

（2）作业过程中有可能引起不同电位设备之间发生短路或接地故障时，应对设备设置绝缘遮蔽。

（3）绝缘杆作业法既可在登杆作业中采用，也可在斗臂车的工作斗或其他绝缘平台上采用。

（4）绝缘杆作业法中，绝缘杆为相地之间主绝缘，绝缘防护用具为辅助绝缘。

3.　绝缘手套作业法

依据 GB/T 18857—2019 第6.2条，有如下规定。

（1）绝缘手套作业法是指作业人员使用绝缘承载工具（绝缘斗臂车、绝缘梯、绝缘平台等）与大地保持规定的安全距离，穿戴绝缘防护用具，与周围物体保持绝缘隔离，通过绝缘手套对带电体直接进行作业的方式。

（2）采用绝缘手套作业法时无论作业人员与接地体和相邻带电体的空气间隙是否满足规定的安全距离，作业前均须对人体可能触及范围内的带电体和接地体进行绝缘遮蔽。

（3）在作业范围窄小，电气设备布置密集处，为保证作业人员对相邻带电体或接地体的有效隔离，在适当位置还应装设绝缘隔板等限制作业人员的活动范围。

（4）在配电线路带电作业中，严禁作业人员穿戴屏蔽服装和导电手套，采用等电位方式进行作业。绝缘手套作业法不是等电位作业法。

（5）绝缘手套作业法中，绝缘承载工具为相地主绝缘，空气间隙为相间主绝缘，绝缘遮蔽用具、绝缘防护用具为辅助绝缘。

【注】配电线路带电作业之所以强调"多层后备绝缘防护"的安全作业理念，就是为了防患于万一，杜绝一切可能的隐患，杜绝作业人员伤亡事故的发生，如当作业人员在带电区域内工作时，除考虑人体与主绝缘所形成的泄流电流回路对人体造成的触电伤害外，还应特别注意人体与辅助绝缘所形成的相对地和相与相之间的触电回路：①"带电体→（绝缘手套）人体→空气（绝缘体）→杆塔或横担"形成的单相触电回路；②"带电体→空气（绝缘体）→人体→空气（绝缘体）→带电体"形成的相间短路回路。在这些触电回路中，绝缘斗臂车（绝

缘平台）的主绝缘已起不到对人体绝缘保护的作用，空气间隙才是主绝缘，作业人员穿戴绝缘防护用具对作业安全尤为重要。这时，对接地体（如横担等）和带电体（如导线）除了进行绝缘遮蔽外，人体对非接触的带电体（如导线）或接地体（如横担等）必须保持一定的空气间隙（安全距离）。即人体"除了只有"戴着绝缘手套直接接触带电体外，人体的其他部位务必"远离"接地体和带电体。无论是接地体或带电体都要"远离"并保持一定的安全距离，这一点尤为重要，务必养成好的作业习惯，重视"多层后备防护"的重要性。例如，在过去曾发生的三起典型事故中，都存在着一个共性问题：在遮蔽不严的前提下，作业人员忽视了绝缘手套作业法还有对接地体、带电体保持一定的安全距离（空气间隙）的要求，作业的中间又因为各种原因擅自违章摘掉绝缘手套，引起误碰接地体、带电体，形成放电回路，致使发生人身触电伤亡的事故。

案例1：某公司带电班，在进行10kV配电线路带电作业时，未对横担（接地体）进行遮蔽，作业中因其他因素作业人员又违章摘掉了绝缘手套，造成带电导线（带电体）经人手（人体），通过绝缘服胸前对襟系扣缝隙对横担（接地体）放电（回路：带电体→人体→接地体），致使带电作业人员触电死亡。

事故起因：违章摘掉绝缘手套，但其实际应有多项违章致人身伤害。

（1）如果横担（接地体）如果进行了有效绝缘遮蔽，带电体至接地体间的通道将被隔断，后续事故不会发生；

（2）即使横担（接地体）未有效绝缘，但作业人员穿戴的绝缘服如果是有效的全绝缘防护的话，此事故也许不会发生；

（3）作业人员最后一道防护绝缘手套也因其他原因摘掉，致使发生作业人员在斗臂车上电击死亡的惨剧；

（4）最后一点就是没有建立"远离（保持必需的空气间隙）—接地体（带电体）"的自我保护意识，若身体通过空气间隙远离了横担（接地体），其放电通道将会被空气间隙阻断。

案例2：某公司带电班，在进行10kV中相立瓶紧固螺母脱落带电消缺作业时，作业人员个人绝缘防护用具是—美式绝缘手套和绝缘袖套。同样是未对带电导线（带电体）进行有效绝缘遮蔽，在加装绝缘子固定抱箍螺栓作业中，由于作业人员认为戴绝缘手套上螺母不方便，作业点又是地电位，故作业人员自作主张摘掉绝缘手套，因其穿戴的美式橡胶绝缘袖套遮住手部作业不便，作业人员想抬手抖褪袖套以方便手作业，在抬手瞬间未戴绝缘手套的人手（人体），触及（接近）未遮蔽好的带电导线（带电体）经人手（人体），通过心脏到另一只手（人体）到接地体放电，致使带电作业人员触电死亡。事故起因：仍然是遮蔽不严和违章摘掉绝缘手套引发的触电事故。

案例3：某公司带电班，在电缆分支刀闸带电更换工作中，作业人员完成了新的刀闸安装（工作任务），这时工作负责人发现双横担上所装的中相避雷器底部接地螺杆断裂损坏，就擅自决定更换避雷器（变更工作内容—扩大工作范围），但对开始换刀闸所做的遮蔽措施未改变（未做新的措施），致使更换避雷器时，有裸露的带电部位影响安全。换避雷器时2

号作业人员又操作绝缘斗在横担外侧稍向上升了一些，1 号作业人员在更换完避雷器还剩避雷器的上引流线未接时，感觉很累（疲劳作业）就退回斗臂车内将双手脱出绝缘手套暂时休息（未退出工作位置），不久他发现横担上装设的绝缘毯松脱，于是下意识用左手（未戴绝缘手套擅自作业）去整理绝缘毯，左肩碰及边相刀闸裸引流线上端未遮蔽部分，与碰及横担左手形成接地放电，被电击后人自然反应，右手又碰及横担放电。

4. 最小安全距离

依据 GB/T 18857—2019 第 7.1 条，有如下规定。

（1）在配电线路上采用绝缘杆作业法时，人体与带电体的最小安全距离(不包括人体活动范围)应符合表 7-6。

表 7-6　　　　　　　　　　　最小安全距离

额定电压（kV）	海拔 H（m）	最小安全距离（m）
10	$H \leqslant 3000$	0.4
	$3000 < H \leqslant 4500$	0.6
20	$H \leqslant 1000$	0.5
35	$H \leqslant 1000$	0.6

（2）斗臂车的臂上金属部分在仰起、回转运动中，与带电体间的最小安全距离应符合表 7-7。

表 7-7　　　　斗臂车的臂上金属部分与带电体间的最小安全距离

额定电压（kV）	海拔 H（m）	最小安全距离（m）
10	$H \leqslant 3000$	0.9
	$3000 < H \leqslant 4500$	1.1
20	$H \leqslant 1000$	1.0
35	$H \leqslant 1000$	1.1

（3）带电升起、下落、左右移动导线等作业时，与被跨物间交叉、平行的最小安全距离应符合表 7-8。

表 7-8　　　　移动导线时，与被跨物间交叉、平行的最小安全距离

额定电压（kV）	海拔 H（m）	最小安全距离（m）
10	$H \leqslant 3000$	1.0
	$3000 < H \leqslant 4500$	1.2
20	$H \leqslant 1000$	1.1
35	$H \leqslant 1000$	1.2

5. 最小有效绝缘长度

依据 GB/T 18857—2019 第 7.2 条，有如下规定。

（1）绝缘承力工具的最小有效绝缘长度应符合表 7-9。

表 7-9 绝缘承力工具最小有效绝缘长度

额定电压（kV）	海拔 H（m）	最小安全距离（m）
10	$H \leqslant 3000$	0.4
	$3000 < H \leqslant 4500$	0.6
20	$H \leqslant 1000$	0.5
35	$H \leqslant 1000$	0.6

（2）绝缘操作工具的最小有效绝缘长度应符合表 7-10。

表 7-10 绝缘操作工具最小有效绝缘长度

额定电压（kV）	海拔 H（m）	最小安全距离（m）
10	$H \leqslant 3000$	0.7
	$3000 < H \leqslant 4500$	0.9
20	$H \leqslant 1000$	0.8
35	$H \leqslant 1000$	0.9

6. 工器具的试验、运输及保管

依据 GB/T 18857—2019 中 8，有如下规定。

（1）配电线路带电作业应使用额定电压不小于线路额定电压的工器具。工器具应通过型式试验，每件工器具应通过出厂试验并定期进行预防性试验，试验合格且在有效期内方可使用，试验应按 GB/T 12168、GB/T 13035、GB/T 13398、GB/T 17622、DL/T 676、DL/T 740、DL/T 803、DL/T 853、DL/T 878、DL/T 880、DL/T 976、DL/T 1125、DL/T 1465 执行。

（2）绝缘防护及遮蔽用具的预防性试验应符合 GB/T 18857—2019 中表 6 的规定。

（3）绝缘操作及承力工具的预防性试验应符合 GB/T 18857—2019 中表 7 的规定。

（4）绝缘斗臂车的预防性试验应满足下列要求：①绝缘斗臂车交流耐压试验应符合 GB/T 18857—2019 中表 8 的规定；②绝缘斗臂车泄漏电流试验应符合 GB/T 18857—2019 中表 9 的规定。

（5）绝缘平台的预防性试验应满足下列要求：①绝缘平台交流耐压试验应符合 GB/T 18857—2019 中表 10 的规定；②绝缘平台交流泄漏电流试验应符合 GB/T 18857—2019 中表 11 的规定。

7. 作业注意事项

依据 GB/T 18857—2019 中 9，有如下规定。

（1）作业前工作负责人应根据作业项目确定操作人员，如作业当天出现某作业人员精神和体力明显不适的情况时，应及时更换人员，不得强行要求作业。

（2）作业前应根据作业项目和作业场所的需要，配足绝缘防护用具、遮蔽用具、操作工具、承载工具等，并检查是否完好，工器具应分别装入工具袋中带往现场。在作业现场应选择不影响作业的干燥、阴凉位置，将作业工器具分类整理摆放在防潮布上。

（3）绝缘斗臂车在使用前应检查其表面状况，若绝缘臂、斗表面存在明显脏污，可采用清洁毛巾或棉纱擦拭，清洁完毕后应在正常工作环境下置放 15min 以上；绝缘斗臂车在使用前应空斗试操作 1 次，确认液压传动、回转、升降、伸缩系统工作正常，操作灵活，制动装置可靠。

（4）到达现场后，在作业前应检查确认在运输、装卸过程中工器具有无螺帽松动，绝缘遮蔽用具、防护用具有无破损，并对绝缘操作工具进行绝缘电阻检测。

（5）每次作业前全体作业人员应在现场列队，由工作负责人布置工作任务，进行人员分工，交代安全技术措施，现场施工作业程序及配合等，并检查有关的工具、材料，备齐且合格后方可开始工作。

（6）作业人员在工作现场应检查电杆及电杆拉线，必要时应采取防止倒塌的措施。

（7）作业人员应根据地形地貌，将绝缘斗臂车定位于最适于作业的位置，绝缘斗臂车应良好接地。作业人员进入工作斗后应系好安全带，注意周边电信和高低压线路及其他障碍物，选定合适的绝缘斗升降回转路径，平稳地操作。

（8）采用绝缘斗臂车作业前，应考虑工作负载及工器具和作业人员的重量，严禁超载。

（9）绝缘手套和绝缘靴在使用前应压入空气，检查有无针孔缺陷；绝缘袖套在使用前应检查有无刺孔、划破等缺陷。若存在以上缺陷，应退出使用。

（10）作业人员进入绝缘斗之前应在地面上将绝缘安全帽、绝缘靴（鞋）、绝缘服（披肩、袖套）、绝缘手套及外层防刺穿手套等穿戴妥当，并由工作负责人（或专责监护人）进行检查，作业人员进入工作斗内或登杆到达工作位置后，应先系好安全带。

（11）在工作过程中，绝缘斗臂车的发动机不得熄火（电力驱动除外）。凡具有上、下绝缘段而中间用金属连接的绝缘伸缩臂，作业人员在工作过程中应不接触金属件；作业过程中不允许绝缘斗臂车工作斗触及导线，工作斗的起升、下降速度不应大于 0.5m/s；回转机构回转时，工作斗外缘的线速度不应大于 0.5m/s。

（12）在接近带电体的过程中，应从下方依次验电，对人体可能触及范围内的低压线支承件、金属紧固件、横担、金属支承件、带电导体亦应验电，确认无漏电现象。

（13）验电时人应处于与带电导体保持足够安全距离的位置。在低压带电导线或漏电的金属紧固件未采取绝缘遮蔽或隔离措施时，作业人员不得穿越或碰触。

（14）对带电体设置绝缘遮蔽时，应按照从近到远的原则，从离身体最近的带电体依次设置；对上下多回分布的带电导线设置遮蔽用具时，应按照从下到上的原则，从下层导线开始依次向上层设置；对导线、绝缘子、横担的设置次序应按照从带电体到接地体的原则，先放导线遮蔽用具，再放绝缘子遮蔽用具，然后对横担进行遮蔽，遮蔽用具之间的接合处的重合长度应不小于 GB/T 18857—2019 中表 12 的规定（150mm），如果重合部分长度无法满足要求，应使用其他遮蔽用具遮蔽接合处，使其重合长度满足要求。

（15）如遮蔽罩有脱落的可能时，应采用绝缘夹或绝缘绳绑扎，以防脱落。作业位置周围如有接地拉线和低压线等设施，也应使用绝缘挡板、绝缘毯、遮蔽罩等对周边物体进行绝缘隔离。另外，无论导线是裸导线还是绝缘导线，在作业中均应进行绝缘遮蔽。对绝缘子等设备进行遮蔽时，应避免人为短接绝缘子片。

（16）拆除遮蔽用具应从带电体下方(绝缘杆作业法)或者侧方(绝缘手套作业法)拆除绝缘遮蔽用具，拆除顺序与设置遮蔽相反：应按照从远到近的原则，即从离作业人员最远的开始依次向近处拆除；如是拆除上、下多回路的绝缘遮蔽用具，应按照从上到下的原则，从上层开始依次向下顺序拆除；对于导线、绝缘子、横担的遮蔽拆除，应按照先接地体后带电体的原则，先拆横担遮蔽用具（绝缘垫、绝缘毯、遮蔽罩）、再拆绝缘子遮蔽用具、然后拆导线遮蔽用具。在拆除绝缘遮蔽用具时应注意不使被遮蔽体显著振动，应尽可能轻地拆除。

（17）从地面向杆上作业位置吊运工器具和遮蔽用具时，工器具和遮蔽用具应分别装入不同的吊装袋，避免混装。采用绝缘斗臂车的绝缘小吊或绝缘滑轮吊放时，吊绳下端不应接触地面，应防止吊绳受潮及缠绕在其他设施上，吊放过程中应边观察边吊放。杆上作业人员之间传递工具或遮蔽用具时应一件一件地分别传递。

（18）工作负责人（或专责监护人）应时刻掌握作业的进展情况，密切注视作业人员的动作，根据作业方案及作业步骤及时做出适当的指示，整个作业过程中不得放松危险部位的监护工作。工作负责人应时刻掌握作业人员的疲劳程度，保持适当的时间间隔，必要时可以两班交替作业。

7.4.2 《配电线路旁路作业技术导则》(GB/T 34577—2017)

GB/T 34577—2017 规定了 10～20kV 电压等级配电线路旁路作业的工作制度、技术要求、作业方式、工具装备、操作要领及安全措施等，适用于 10～20kV 电压等级旁路作业检修和维护配电线路设备，主要条款宣贯如下。

1. 术语和定义

依据 GB/T 34577—2017 中 3，有如下规定。

（1）旁路作业，通过旁路设备的接入，将配电线路中的负荷转移至旁路系统，实现待检修设备停电检修的作业方式。注：分带电作业和停电作业两种方式。

（2）旁路柔性电缆，一种导体由多股软铜线构成的、能重复弯曲使用的单芯电力电缆。

（3）旁路电缆连接器，用于连接和接续旁路柔性电缆的设备。注：包括快速插拔旁路电缆接头和可分离旁路电缆终端。

（4）旁路负荷开关，用于户内或户外，可移动的三相开关，具有分闸、合闸两种状态，用于旁路作业中负荷电流的切换。

（5）快速插拔旁路电缆接头，与快速插拔旁路电缆终端配合使用，用于旁路柔性电缆之间的电气连接，采用自锁定快速插拔连接方式的接头。注：包括直通接头和T型接头。

（6）旁路电缆终端，使得旁路柔性电缆之间，以及旁路电缆与架空导线、环网柜、分支箱、旁路负荷开关等设备完成连接或断开并保持完全绝缘的终端。

（7）快速插拔旁路电缆终端，与快速插拔旁路电缆接头配合使用，用于旁路电缆之间的电气连接，采用自锁定快速插拔连接方式的可分离旁路电缆终端。

（8）螺栓式旁路电缆终端，用于旁路电缆与环网柜的电气连接，采用螺栓连接方式的可分离旁路电缆终端。

（9）插入式旁路电缆终端，用于旁路电缆与分支箱的电气连接，采用滑动连接方式的可分离旁路电缆终端。

（10）旁路电缆引流线夹，用于旁路电缆与架空导线的电气连接的可分离旁路电缆终端。

2. 人员要求

依据 GB/T 34577—2017 第 4.1 条，有如下规定。

（1）带电作业、停电作业等工作人员应持证上岗。操作旁路设备的人员应经培训，掌握旁路作业的基本原理和操作方法。

（2）配电旁路作业应设工作负责人，若一项作业任务下设多个小组工作，工作负责人应指定每个小组的小组负责人（监护人）。

（3）工作负责人（监护人）应具有 3 年以上的配电检修实际工作经验，熟悉设备状况，具有一定组织能力和事故处理能力，经专门培训，考试合格并具有上岗证，并经本单位批准。

3. 气象条件要求

依据 GB/T 34577—2017 第 4.2 条，有如下规定。

（1）旁路作业应在良好的天气下进行。如遇雷、雨、雪、大雾时不应采用带电作业方式。风力大于 10m/s（5 级）以上时，相对湿度大于 80%的天气，不宜采用带电作业方式。

（2）在特殊或紧急条件下，必须在恶劣气候下进行抢修时，应针对现场气候和工作条件，组织有关工程技术人员和全体作业人员充分讨论，制定可靠的安全措施，经本单位批准后方可进行。夜间抢修作业应有足够的照明设施。

（3）旁路作业过程中若遇天气突然变化，有可能危及人身或设备安全时，应立即停止工作；在保证人身安全的情况下，尽快恢复设备正常状况，或采取其他措施。

（4）雨雪天气严禁组装旁路作业设备；组装完成的旁路作业设备允许在降雨（雪）条件下运行，但应确保旁路设备连接部位有可靠的防雨（雪）措施。

4. 旁路柔性电缆、连接器、旁路负荷开关使用注意事项

依据 GB/T 34577—2017 第 7.1.1 条，有如下规定。

（1）使用前应进行外观检查：

1）旁路柔性电缆外观应无破损、裂纹、明显变形等缺陷；如果表面存在缺陷，不应继续使用；

2）旁路电缆连接器绝缘部件表面应清洁、干燥，无划痕等绝缘缺陷；如果绝缘表面存在明显划痕等缺陷，不应继续使用；应更换连接器或对绝缘表面进行处理后进行整体工频耐压及局部放电试验，合格后方可继续使用；

3）旁路开关外壳应无明显变形等缺陷；与旁路柔性电缆连接的绝缘表面应清洁、干燥、无划痕等绝缘缺陷。

（2）旁路电缆连接器、旁路电缆、旁路负荷开关组装好后，应合上负荷开关，进行整体绝缘电阻测量，其绝缘电阻应不小于 500MΩ。如果绝缘电阻小于 500MΩ，应通过分段测量找出缺陷部件，并停止使用。绝缘电阻测量试验后应先进行放电，再断开旁路负荷开关。

（3）应检查旁路负荷开关的气压表，确保 SF_6 气压处于正常状态。

（4）旁路柔性电缆在敷设过程中应避免在地面摩擦，以防止电缆受损。

（5）旁路负荷开关安装时，应避免与电杆等物体碰撞。

（6）旁路设备投入运行前，应在负荷开关处进行电气核相，核相正确后，方可合上负荷开关。

（7）旁路设备投入运行后，应对旁路设备分流情况进行监测，以确保旁路系统运行正常。旁路设备分流情况参见 GB/T 34577—2017 附录 C。

（8）旁路设备退出运行之前，应对旁路设备分流情况进行监测，以确保检修后的线路运行正常。

（9）架空线路的旁路作业宜采用架空敷设方式，若采用地面敷设，应在路口设置专人看守。

5．移动箱变车使用注意事项

依据 GB/T 34577—2017 第 7.1.2 条，有如下规定。

（1）使用前应进行外观检查：设备外壳应无明显变形等缺陷；与旁路柔性电缆连接的绝缘表面应清洁、干燥，无划痕等绝缘缺陷。

（2）移动箱变与柱上变压器并联运行时，应满足 GB/T 34577—2017 附录 D 的并联运行条件。

（3）旁路设备投入运行前，应在低压开关处进行电气核相，相序正确，电压差满足并联运行条件时，方可合上低压负荷开关。

（4）旁路设备投入运行后，应对负荷电流进行监测，以确保旁路系统运行正常。旁路设备架空敷设操作参见附录 E。

6．旁路电缆及连接器、负荷开关的运输及存储及保养

依据 GB/T 34577—2017 第 7.2.1 条，有如下规定。

（1）旁路电缆连接器在回收时，应保持清洁并做好防潮和防腐蚀处理，并采用专用的包装袋罩住，以免被其他物体磕碰或划伤，宜使用专用支架或工具箱保存。

（2）旁路电缆连接器应存放于通风良好、清洁干燥的专用工具库房内，室内的相对湿度和温度应满足 DL/T 974 的规定和要求。

（3）运输时应采取防潮措施，使用专用工具袋、工具箱或工具车。

（4）绝缘部件应使用不起毛的布擦拭，或使用清洁纸进行清洁，不得使用带有毛刺或具有研磨作用的擦拭物擦拭。

7. 旁路电缆车及移动箱变车的运输及存储及保养

依据 GB/T 34577—2017 第 7.2.2 条，有如下规定。

（1）车辆如长期存放，应停放在防盗、防潮、通风和具有消防设施的专用场地，并将所有门窗、抽屉等活动部件处于稳固关闭状态。

（2）车辆的停放场地宜提供外接电源。

（3）车辆的存放环境条件，应满足所有车载设备的贮存要求。重要的非集控设备不宜长期存放在移动箱变车上。

（4）车辆应按照机动车辆产品使用说明书进行定期维护与保养。

（5）车辆在进行运输或自驶时，应将所有抽屉、门锁关好，所有设备处于牢固的固定或绑扎状态。

（6）车辆如采用公路运输、铁路运输、水路运输，应符合 GB/T 16471 的相关规定。

8. GB/T 34577—2017附录C"分流情况"

旁路设备与待检修设备、检修后设备并联运行后，应根据旁路设备及待检修设备、检修后设备的参数，核查旁路设备分流情况是否正常。一般情况下，旁路电缆分流约占总电流的 1/4～3/4。

9. GB/T 34577—2017附录D"旁路变压器与柱上变压器并联运行条件"

（1）接线组别要求，旁路变压器与柱上变压器接线组别必须一致，否则不得并联运行。

（2）变比要求，旁路变压器与柱上变压器变比应符合下列要求：①当柱上变压器负载率大于 50%时，旁路变压器与柱上变压器变比应一致；②当柱上变压器负载率不大于 50%时，旁路变压器与柱上变压器变比差异不应超过 5%，即低压输出电压差不得大于 10V。

（3）短路阻抗要求，对旁路变压器与柱上变压器短路阻抗的差异不要求。

（4）容量要求，旁路变压器与柱上变压器容量应符合下列要求：①当旁路变压器与柱上变压器变比一致时，旁路变压器的容量不小于用户最大负荷即可；②当旁路变压器与柱上变压器变比存在 5%级以内的差异时，旁路变压器的容量应不小于柱上变压器额定负荷容量。

7.4.3　《带电作业工具基本技术要求与设计导则》(GB/T 18037—2008)

GB/T 18037—2008 规定了交流 10～750kV、直流±500kV 带电作业工具应具备的基本技术要求，提出了工具的设计、验算、保管、检验等方面的技术规范及指导原则，主要条款说明如下。

1. 术语和定义

依据 GB/T 18037—2008 中 3，有如下规定。

（1）硬质绝缘工具。以硬质绝缘板、管、棒及各种异型材为主构件制成的工具，包括通用操作杆、承力杆、硬梯、托瓶架、作业平台、滑车、斗臂车、抱杆等。

（2）软质绝缘工具。以柔性绝缘材料为主构件制成的工具，包括各种绳索及其制成品和各种软管、软板、软棒的制成品等。

（3）防护用具。带电作业人员使用的安全防护用具的总称，包括绝缘遮蔽用具、绝缘防护用具和电场屏蔽用具。

（4）绝缘防护用具。用绝缘材料制成的供带电作业人员专用的安全隔离用品，包括绝缘手套、绝缘袖套、绝缘鞋、绝缘毯等。

（5）电场屏蔽用具。用导电材料制成的屏蔽强电场的用品，包括屏蔽服装、防静电服装、导电鞋、导电手套等。

（6）绝缘遮蔽用具。用于隔离操作者与带电体，并满足一定绝缘水平的遮蔽用具，包括各种软、硬质的隔离罩、挡板、绝缘覆盖物等。

（7）绝缘杆。杆状结构的绝缘件，分为承力杆及操作杆两类。承力杆是承受轴向导、地线水平张力或垂直荷重的工具，例如紧线拉杆、吊线杆等。

（8）载人器具。承受作业人员体重及随身携带工具重量的承载器具，例如软梯、硬梯、吊篮、斗臂车等。

（9）牵引机具。手动或机动产生机械牵引力、起吊力的施力机具，例如紧线丝杠、液压收紧器、卷扬机等。

（10）固定器具（卡具）。在承力系统中起锚固作用的非运动器具，例如翼型卡、夹线器、角钢固定器等。

（11）载流器具。导通交、直流电流的接触线夹及导线的组合体，例如接引线夹、直联线等。

（12）消弧工具。具有一定载流量和灭弧能力的携带型开合器具，例如消弧绳、气吹消弧棒等。

（13）雨天作业工具。能在一定淋雨条件下带电作业的专用工具，例如雨天操作杆、防雨吊线杆、水冲洗杆等。

2. 绝缘材料电气性能指标要求

依据 GB/T 18037—2008 第 4.1 条，有如下规定。

本导则推荐环氧树脂玻璃纤维增强型复合材料和蚕丝绳、锦纶（尼龙）绳等作为制作带电作业工具的主绝缘材料；推荐橡胶、塑料及其制成品等作为带电作业工具的辅助绝缘材料。GB/T 18037—2008 表 1～表 9 列出了部分绝缘材料的主要电气性能指标，作为选用材料的依据。其中：

（1）配电绝缘遮蔽用具：硬质绝缘隔板推荐采用环氧树脂玻璃布层压板及玻璃纤维模压定型板制作；软质绝缘隔板、罩及覆盖物，推荐采用绝缘性能良好、非脆性、耐老化的橡胶制作。

（2）配电用绝缘防护用具：绝缘服、绝缘披肩、绝缘毯外表层应选用增水性好、防潮性能好、沿面闪络电压高并具有足够机械强度的材料；内衬材料应选用高绝缘性能（特别是层向击穿电压高）、憎水性好、柔软并具有一定机械强度的塑料薄膜材料。绝缘袖套、绝缘手套、绝缘靴、橡胶绝缘毯（垫）一般采用绝缘性能良好、耐老化、具有足够机械强度的橡胶类材料制成。

3．工具试验

依据 GB/T 18037—2008 中 10，有如下规定。

（1）带电作业工具产品试验分为型式试验、出厂试验及抽查试验。

1）有下列情况之一的工具应进行型式试验：新产品定型；定型产品转厂生产；结构设计有重大变动的产品。

2）出厂试验应逐件进行，试验合格后出具产品合格证书。

3）用户购买产品发现有质量问题，有权要求生产厂家进行抽查试验，在用户的参与下由有关技术监督部门仲裁结论。

（2）带电作业工具试验项目及方法按有关试验标准进行，试验结果应符合工具设计要求。

7.4.4　《带电作业绝缘配合导则》（DL/T 876—2004）

本标准规定了在交、直流电力系统进行带电作业时，空气绝缘、组合绝缘以及所使用的工具、装置及设备绝缘的额定耐受电压的选择原则，适用于系统最高电压大于交流 1kV、直流 1.5kV 的电力系统开展带电作业工作时进行绝缘配合时的指导原则，不适用于特殊场合，即存有严重污秽或带有对绝缘有害的气体、蒸汽、化学、沉积物的场合所进行的带电作业，主要条款说明如下。

1．术语和定义

依据 DL/T 876—2004 中 3，有如下规定。

（1）带电作业所要求的绝缘水平，工作位置所需的、为减少绝缘击穿危险而提出的一个可接受的低水平的统计冲击耐受电压。注：通常认为，这一可接受的低水平是指统计冲击耐受电压值大于或等于不超过 2%概率的统计过电压值。

（2）自恢复绝缘是指在施加电压而引起破坏性放电后能完全恢复起绝缘性能的军员。例如，空气介质就是一种自恢复绝缘。

（3）非自恢复绝缘是指在施加电压而引起破坏性放电后即丧失或不能完全恢复其绝缘性能的绝缘。例如，环氧玻璃纤维材料就是一种非自恢复绝缘。

（4）统计冲击耐受电压，一个给定的绝缘结构的耐受概率为例如参考概率 90%的冲击试验电压峰值。注：这一概念适用于自恢复绝缘。

（5）统计过电压，发生概率为 2%的过电压。

2．带电作业中的作业电压

带电作业中只考虑正常运行条件下的工频电压、暂时过电压（包括工频电压升高）与操作过电压的作用，依据 DL/T 876—2004 中 4，有如下规定。

（1）作用电压类型，电气设备在运行中可能受到的作用电压有正常运行条件下的工频电压、暂时过电压（包括工频电压升高）、操作过电压与雷电过电压。在 DL 409—1991 中规定："雷电天气时不得进行带电作业"。因此，带电作业中只考虑正常运行条件下的工频电压、暂时过电压（包括工频电压升高）与操作过电压的作用。

（2）正常运行条件下的工频电压，正常运行条件下，工频电压会有某些波动，且系统中各点的工频电压并不完全相等，但不会超过设备最高电压.不同电压等级的电压升高系数 K_r 和设备最高电压 U_m 各不相同，其值见表 7-11。故在本导则中将工频视为常数，且等于设备最高电压。

表 7-11　　　　各电压等级下的电压升高系数 K_r 和设备最高电压 U_m

系统标称电压 U_m（kV）	3	6	10	35
电压升高系数 K_r	1.15	1.15	1.15	1.15
设备最高电压 U_m（kV）	3.5	6.9	11.5	40.5

（3）暂时过电压，暂时过电压主要指工频过电压与谐振过电压，暂时过电压的严重程度取决于其幅值和持续时间。系统中的工频过电压一般由线路空载、接地故障和甩负荷等引起。暂时过电压由于其持续时间较长、能量较大，所以在考虑带电作业绝缘工具、装置和设备的泄漏距离时，常以此为依据。

（4）操作过电压，操作过电压又称内部过电压，它是由系统内的正常操作、切除故障操作或因故障所造成的过电压。这种过电压的特点是幅值较高、持续时间短、衰减快。操作过电压与系统的运行电压有关。操作过电压的起因通常是：线路合闸与重合闸；故障与切除故障；开断容性电流和开断较小或中等的感性电流；负载突变。

（5）确定预期过电压水平的原则，一般而言，3～220kV 电压范围内的设备绝缘水平主要由雷电过电压决定，但也要估计操作过电压的影响。因而，在此电压范围内的带电作业工具、设备和装置，其绝缘水平应校核相应电压等级下的操作过电压水平。

1）带电作业中操作过电压的类型。不同类型的操作过电压有不同的分布规律及参数，一定概率条件下的预期过电压倍数也不相同。考虑到当前的设备型式、系统结构的特点，可选用的绝缘水平以及带电作业的实际工况，DL/T 876—2004 推荐：带电作业时未取消自动重合闸的，以重合闸过电压作为主要类型，但也要验算其他有显著影响的过电压；带电作业时取消了自动重合闸的，以线路非对称故障分闸和振荡解列过电压为主要类型，但也要验算其他有显著影响的过电压。

2）操作过电压的估算。带电作业时，不考虑线路合闸过电压。如果在带电作业时已停用自动重合闸，过电压倍数一般较标准值低。根据 DL/T 620《交流电气装置的过电压保护和绝缘配合》的规定，各电压等级的统计过电压 $U_{2\%}$ 不宜大于表 7-13 所列数值。在计算带电作业安全距离时，应根据系统结构操作方式、设备状况及线路长短，依据 GB/T 19185《交流线路带电作业安全距离计算方法》所提供的计算方法，计算得出实际过电压倍数来确定。在缺乏上述资料和参数而无法计算时，可参照表 7-12 给出的各电压等级的统计过电压倍数来计算带电作业安全距离。

表 7-12　　　　　　　　　　统计过电压倍数 K_e 值

系统标称电压 U_n（kV）	统计过电压倍数 K_e
10 及以下	（44kV）
35~63（非直接接地系统）	4.0

注：10k 及以下的过电压水平统一按 44kV 考虑

3. 绝缘配合方法（惯用法和统计法）的选择

依据 DL/T 876—2004 第 6.3.2 条，有如下规定。

通常对 220kV 及以下的自恢复绝缘均采用惯用法，对 330kV 及以上的超高压自恢复绝缘才部分地采用简化统计法进行绝缘配合。惯用法的基本出发点是使电气设备绝缘的最小击穿电压值高于系统可能出现的最大过电压值，并留有一定的安全裕度，以此作为确定带电作业安全距离的依据。惯用法确定的安全距离见表 7-13。

表 7-13　　　　　　惯用法确定的安全距离（适用于 220kV 及以下等级）

电压等级（kV）	采用绝缘子片数	规程规定的过电压倍数 k_0	大气过电压			操作过电压		控制作用的危险距离 S_j	加 20% 裕度的安全距离	推荐的安全距离 S_{1-g}	安全裕度
			起始电压 U_0（kV）	传输 5km 后衰减值（kV）	危险距离	$U_{sc}=U_{xg}$	危险距离				
10						62	12	12	14. 4	40	
35	3	4	350	273	44	131	27	44	52. 8	60	36.3

4. 带电作业的安全性

带电作业的安全性围绕带电作业危险率、带电作业的事故率、带电作业保护间隙三个角度展开，带电作业的事故率与带电作业的危险率是两个完全不同的概念，但两者又有紧密的联系，危险率大，事故率也必然高，依据 DL/T 876—2004 第 7.1、7.2、7.3 条，有如下规定。

（1）带电作业危险率。在带电作业中，通常将带电作业间隙在每发生一次操作过电压时，该间隙发生放电的概率称为带电作业危险率。公认可接受的带电作业的危险率 $R_0=1.0\times10^{-5}$。

（2）带电作业的事故率。带电作业的事故率是指开展带电作业工作时，作业间隙因操作过电压而放电所造成事故的概率。危险率是无量纲的数值，而事故率则是每百公里线路在一年中发生事故的次数统计值，以 "次/（100km·年）" 为单位。事故率的大小取决于许多因素。例如，一年中进行带电作业的天数、系统操作过电压极性，以及作业间隙的危险率等。

（3）带电作业保护间隙。如果带电作业间隙距离偏小，不能满足带电作业安全指标，可以采用加挂（并联）保护间隙的措施。

7.5 其他类标准

配网不停电作业其他类标准如表 7-14 所示，包括：防护类、遮蔽类、材料类、工具类、旁路类等标准。本类标准较多，这里不再一一宣贯。

表 7-14 配网不停电作业其他类标准

序号	类别	名称
1	1. 防护类	《带电作业用绝缘手套》（GB/T 17622—2008）
2		《带电作业用防机械刺穿手套》（DL/T 975—2005）
3		《10kV 带电作业用绝缘服装》（DL/T 1125—2009）
4		《带电作业用绝缘袖套》（DL/T 778—2014 代替 DL/T 778—2001）
5		《带电作业绝缘鞋（靴）通用技术条件》（DL/T 676—1999）
6	2. 遮蔽类	《带电作业用绝缘毯》（DL/T 803—2002）
7		《带电作业用遮蔽罩》（GB/T 12168—2006）
8		《带电作业用导线软质遮蔽罩》（DL/T 880—2004）
9		《带电作业用绝缘垫》（DL/T 853—2004）
10	3. 材料类	《带电作业用空心绝缘管、泡沫填充绝缘管和实心绝缘棒》（GB 13398—2008）
11		《带电作业用绝缘绳索》（GB/T 13035—2008）
12	4. 工具类	《带电作业用工具库房》（DL/T 974—2018 代替 DL/T 974—2005）
13		《10kV 带电作业用绝缘斗臂车》（GB/T 37556—2019）
14		《带电作业工具专用车》（GB/T 25725—2010）
15		《10kV 带电作业用绝缘平台》（DL/T 1465—2015）
16		《10kV 带电作业用绝缘平台》（Q/GDW 712—2012）
17		《绝缘工具柜》（DL/T 1145—2009）
18		《架空配电线路带电安装及作业工具设备》（DL/T 858—2004）
19		《带电作业用工具、装置和设备使用的一般要求》（DL/T 877—2004）
20		《带电作业用绝缘导线剥皮器》（DL/T 1743—2017）
21		《10kV 带电作业用绝缘导线电动剥皮器》（T/CES 107—2022）

续表

序号	类别	名称
22	4. 工具类	《带电作业用绝缘滑车》（GB/T 13034—2008）
23		《带电作业用绝缘硬梯》（GB/T 17620—2008）
24		《带电作业用绝缘绳索类工具》（DL/T 779—2001）
25		《交流 1kV、直流 1.5kV 及以下带电作业用手工工具通用技术条件》（GB/T 18269—2008）
26		《带电作业用便携式核相仪》（DL/T 971—2017 代替 DL/T 971—2005）
27		《带电作业用便携式接地和接地短路装置》（DL/T 879—2004）
28		《电容型验电器》（DL/T 740—2000）
29		《带电作业用铝合金紧线卡线器》（GB/T 12167—2006）
30	5. 旁路类	《10kV 旁路作业设备技术条件》（Q/GDW 249—2009）
31		《10kV 带电作业用消弧开关技术条件》（Q/GDW 1811—2013）
32		《配电线路旁路作业工具装备　第 1 部分：旁路电缆及连接器》（DL/T 2555.1—2022）
33		《配电线路旁路作业工具装备　第 2 部分：旁路开关》（DL/T 2555.2—2023）
34		《配电线路旁路作业工具装备　第 3 部分：旁路电缆车》（DL/T 2555.3）
35		《配电线路旁路作业工具装备　第 4 部分：移动箱变车》（DL/T 2555.4）
36		《配电线路旁路作业工具装备　第 5 部分：移动环网箱车》（DL/T 2555.5）
37		《配电线路旁路作业工具装备　第 6 部分：移动开关车》（DL/T 2555.6）
38		《配电线路旁路作业工具装备　第 7 部分：辅助工具》（DL/T 2555.7）

第8章 配网不停电作业措施

安全作业、措施先行，配网不停电作业措施是作业人员必须熟悉并严格执行落实的，措施到位、责任到位、执行落实必须到位，有令必行、有禁必止必须执行落实到位。配网不停电作业措施通常是指在配电线路和设备上工作安全方面的"三措"（即生产中所说的组织措施、技术措施和安全措施），具体体现在安全作业有序进行的一些制度（组织措施，确保作业有条不紊地进行）、手段（技术措施，确保作业风险有效地预控）、事项（安全措施，确保作业人员安全有效地保障）。

8.1 组 织 措 施

为保证配网不停电作业安全，依据《国家电网有限公司电力安全工作规程 第8部分：配电部分》（Q/GDW 10799.8—2023）（以下简称国网配电安规）第5.1条的规定：在配电线路和设备上工作的安全组织措施如下。

（1）现场勘察制度；

（2）工作票制度；

（3）工作许可制度；

（4）工作监护制度；

（5）工作间断、转移制度；

（6）工作终结和恢复重合闸制度。

8.1.1 现场勘察制度

依据《国网配电安规》第5.2条，现场勘察有如下规定。

（1）工作票签发人或工作负责人认为有必要现场勘察的配电检修（施工）作业和用户工程、设备上的工作，应根据工作任务组织现场勘察，并填写现场勘察记录（见《国网配电安规》附录 A）。

（2）现场勘察应由工作票签发人或工作负责人组织，工作负责人、设备运维管理单位（用户单位）和检修（施工）单位相关人员参加。对涉及多专业、多部门、多单位的作业项目，应由项目主管部门、单位组织相关人员共同参与。

（3）现场勘察应查看检修（施工）作业需要停电的范围、保留的带电部位、装设接地线的位置、邻近线路、交叉跨越、多电源、自备电源、有可能反送电的设备和分支线、地下管线设施和作业现场的条件、环境及其他影响作业的危险点，并提出针对性的安全措施和注意事项。

（4）现场勘察后，现场勘察记录应送交工作票签发人、工作负责人及相关各方，作为填写、签发工作票等的依据。对危险性、复杂性和困难程度较大的作业项目，应制订有针对性的施工方案。

（5）开工前，工作负责人或工作票签发人应重新核对现场勘察情况，发现与原勘察情况有变化时，应修正、完善相应的安全措施。

8.1.2 工作票制度

依据《国网配电安规》第5.3条，工作票制度有如下规定。

（1）工作票种类：①填用配电第一种工作票（见《国网配电安规》附录 B）；②填用配电第二种工作票（见《国网配电安规》附录 C）；③填用配电带电作业工作票（《国网配电安规》见附录 D）；④填用低压工作票（见《国网配电安规》附录 E）；⑤填用配电故障紧急抢修单（见《国网配电安规》附录 F）；⑥使用其他书面记录、电子信息或按口头、电话命令执行。

（2）工作票的填写：①工作票由工作负责人或工作票签发人填写。②工作票、故障紧急抢修单应使用统一的票面格式，采用手工方式填写或计算机生成、打印。采用手工方式填写时，应使用黑色或蓝色的钢（水）笔或圆珠笔填写和签发，至少一式两份。③工作票、故障紧急抢修单票面上的时间、工作地点、线路名称、设备双重名称（即设备名称和编号）、动词等关键字不应涂改。若有个别错、漏字需要修改、补充时，应使用规范的符号，字迹应清楚。④由工作班组现场操作时，若不填用操作票，应将设备的双重名称，线路的名称、杆号、位置，停电及送电操作和操作后检查内容等按操作顺序填写在工作票上。

（3）工作票的签发：①工作票执行前，应由工作票签发人审核，手工或电子签发。②工作票由设备运维管理单位签发，或由经设备运维管理单位审核合格且批准的检修（施工）单位签发。检修（施工）单位的工作票签发人、工作负责人名单应事先送设备运维管理单位、调度控制中心备案。③承、发包工程，如工作票实行"双签发"，签发工作票时，双方工作票签发人在工作票上分别签名，各自承担相应的安全责任。④供电单位或施工单位到用户工程或设备上检修（施工）时，工作票应由有权签发的用户单位、施工单位或供电单位签发。⑤一张工作票中，工作票签发人、工作许可人和工作负责人三者不应为同一人。工作许可人中只有现场工作许可人可与工作负责人相互兼任。若相互兼任，应具备相应的资质，并履行相应的安全责任。

（4）工作票的使用：①对同一电压等级、同类型、相同安全措施且依次进行的多条配电线路上的带电作业，可使用一张配电带电作业工作票（注：本条款原则上不应使用一张配电带电作业工作票，供参考）。②工作许可时，工作票一份由工作负责人收执，其余留存于工作票签发人或工作许可人处。工作期间，工作负责人应始终持有工作票。③需要运维人员操作设备的配电带电作业工作票和需要办理工作许可手续的配电第二种工作票、低压工作票，应至少在工作前一天送达设备运维管理单位（包括信息系统送达）。④除填写方式、打印份数外，数字化工作票的填写、使用要求与纸质工作票一致。⑤已终结的工作票（含工作任务单）、故障紧急抢修单、现场勘察记录至少应保存1年。

（5）工作票的有效期与延期：①工作票的有效期，以批准的检修时间为限。批准的检修时间为调度控制中心或设备运维管理单位批准的开工至完工时间。②办理工作票延期手续，应在工作票的有效期内，由工作负责人向工作许可人提出申请，得到同意后给予办理；不需要办理许可手续的配电第二种工作票，由工作负责人向工作票签发人提出申请，得到同意后给予办理。③工作票只能延期一次。延期手续应记录在工作票上。

（6）工作票所列人员的基本条件：①工作票签发人应由熟悉人员技术水平、熟悉配电网络接线方式、熟悉设备情况、熟悉本文件，具有相关工作经验，并经本单位批准的人员担任，名单应公布。②工作负责人应由有本专业工作经验、熟悉工作班成员的安全意识和工作能力、熟悉工作范围内的设备情况、熟悉本文件，并经工区（车间，下同）批准的人员担任，名单应公布。③工作许可人应由熟悉配电网络接线方式、熟悉工作范围内的设备情况、熟悉本文件，并经工区批准的人员担任，名单应公布。工作许可人包括值班调控人员、运维人员、相关变（配）电站[含用户变（配）电站]和发电厂运维人员、配合停电线路工作许可人及现场工作许可人等。④专责监护人应由具有相关专业工作经验，熟悉工作范围内的设备情况和本文件的人员担任。

（7）工作票所列"工作票签发人"的安全责任：①确认工作必要性和安全性；②确认工作票上所列安全措施正确、完备；③确认所派工作负责人合适，工作班成员适当、充足。

（8）工作票所列"工作负责人（监护人）"的安全责任：①确认工作票所列安全措施正确、完备，符合现场实际条件，必要时予以补充；②正确、安全地组织工作；③工作前，对工作班成员进行工作任务、安全措施交底和危险点告知，并确保每个工作班成员都已签名确认；④组织执行工作票所列由其负责的安全措施；⑤监督工作班成员遵守本文件、正确使用劳动防护用品和安全工器具以及执行现场安全措施；⑥关注工作班成员身体状况和精神状态是否出现异常迹象，人员变动是否合适。

（9）工作票所列"工作许可人"的安全责任：①确认工作票所列由其负责的安全措施正确、完备，符合现场实际。对工作票所列内容产生疑问时，应向工作票签发人询问清楚，必要时予以补充；②确认由其负责的安全措施正确实施；③确认由其负责的停、送电和许可工作的命令正确。

（10）工作票所列"专责监护人"的安全责任：①明确被监护人员和监护范围；②工作前，对被监护人员交代监护范围内的安全措施，告知危险点和安全注意事项；③监督被监护人员遵守本文件和执行现场安全措施，及时纠正被监护人员的不安全行为。

（11）工作票所列"工作班成员"的安全责任：①熟悉工作内容、工作流程，掌握安全措施，明确工作中的危险点，并在工作票上履行交底签名确认手续；②服从工作负责人、专责监护人的指挥，严格遵守本文件和劳动纪律，在指定的作业范围内工作，对自己在工作中的行为负责，互相关心工作安全；③正确使用施工机具、安全工器具和劳动防护用品。

【注】生产中所指的"两票"包括工作票和操作票。在配电线路和设备上工作执行工作票制度，在全部停电或部分停电的电气设备上工作必须执行操作票制度，禁止无票作业，将设备由一种状态转变为另一种状态的过程称为倒闸，所进行的操作称为倒闸操作。

依据《国网配电安规》第7.2条，倒闸操作有如下规定。

（1）倒闸操作的方式：①倒闸操作有就地操作和遥控操作两种方式。②具备条件的设备可进行程序操作，即应用可编程计算机进行的自动化操作。

（2）配电倒闸操作票：高压电气设备倒闸操作一般应由操作人员填用配电倒闸操作票（见《国网配电安规》附录J，以下简称操作票）。每份操作票只能用于一个操作任务。下列工作可以不用操作票：①事故紧急处理；②拉合断路器（开关）的单一操作；③程序操作；④低压操作；⑤工作班组的现场操作。

8.1.3　工作许可制度

依据《国网配电安规》第5.4条，工作许可制度有如下规定。

（1）值班调控人员、运维人员在向工作负责人发出许可工作的命令前，应记录工作班组名称、工作负责人姓名、工作地点和工作任务。

（2）现场办理工作许可手续前，工作许可人应与工作负责人核对线路名称、设备双重名称，检查核对现场安全措施，指明保留带电部位。

（3）工作许可后，工作负责人（小组负责人）应向工作班（工作小组）成员交代工作内容、人员分工、带电部位、现场安全措施和其他注意事项，告知危险点，工作班成员应履行确认手续。

（4）带电作业需要停用重合闸（含已处于停用状态的重合闸），应向值班调控人员或运维人员申请并履行工作许可手续。

（5）许可开始工作的命令，应通知工作负责人，其方法可采用：①当面许可。工作许可人和工作负责人应在工作票上记录许可时间，并分别签名；②电话或电子信息许可。工作许可人和工作负责人应分别记录许可时间和双方姓名，复诵或电子信息回复核对无误。

（6）工作负责人、工作许可人任何一方不应擅自变更运行接线方式和安全措施，工作中若有特殊情况需要变更时，应先取得对方同意，并及时恢复，变更情况应及时记录在值班日志或工作票上。

（7）不应约时停、送电。

8.1.4　工作监护制度

依据《国网配电安规》第5.4条，工作监护制度有如下规定。

（1）工作负责人、专责监护人应始终在工作现场。

（2）工作票签发人或工作负责人对有触电危险、检修（施工）复杂容易发生事故的工作，应增设专责监护人，并确定其监护的人员和工作范围。

（3）专责监护人不应兼做其他工作。专责监护人临时离开时，应通知被监护人员停止工作或离开工作现场；专责监护人回来前，不应恢复工作。专责监护人需长时间离开工作现场时，应由工作负责人变更专责监护人，履行变更手续，并告知全体被监护人员。

（4）工作期间，工作负责人若需暂时离开工作现场，应指定能胜任的人员临时代替，离开前应将工作现场交代清楚，并告知全体工作班成员。原工作负责人返回工作现场时，也应履行同样的交接手续。

（5）工作负责人若需长时间离开工作现场，应由原工作票签发人变更工作负责人，履行变更手续，并告知全体工作班成员及所有工作许可人。原、现工作负责人应履行必要的交接手续，并在工作票上签名确认。

（6）工作班成员的变更，应经工作负责人的同意，并在工作票上做好变更记录；中途新加入的工作班成员，应由工作负责人、专责监护人对其进行安全交底并履行确认手续。

8.1.5　工作间断、转移制度和工作终结制度

依据《国网配电安规》第 5.6、5.7 条，有如下规定。

（1）工作中，遇雷、雨、大风等情况威胁到工作人员的安全时，工作负责人或专责监护人应下令停止工作。

【注】针对配网不停电作业工作，虽然《国网配电安规》第 5.3.9.4 条有"多条配电线路上可以使用一张配电带电作业工作票"的规定，为保证作业安全，建议在同一地点、同一时间、同一任务执行同一张工作票，不同地点不应使用"同一张工作票"，由此对"工作间断、转移制度"来说，原则上无故不应"工作间断"以及不会存在"工作转移"的情况（供参考）。

（2）工作终结报告应按以下方式进行：①当面报告；②电话或电子信息报告，并经复诵或电子信息回复无误。

【注】工作负责人向值班调控人员、运维人员办理工作终结，记录终结报告时间并签字确认，是保证作业安全的重要组织措施之一，若停用重合闸需申请恢复线路重合闸，已终结的工作票加盖"已执行"章，执行的工作票和作业指导书（卡）至少存档保存一年。

8.2　技　术　措　施

为保证配网不停电作业安全，结合《国网配电安规》第 6.5、11.2 条，以及《配电线路带电作业技术导则》（GB/T 18857—2019）（以下简称配电导则）、《配电线路旁路作业技术导则》（GB/T 34577—2017）（以下简称旁路导则）、《10kV 配网不停电作业规范》（Q/GDW 10520—2016）（以下简称配电规范）的相关规定，在配电线路和设备上工作的安全技术措施如下。

（1）停用重合闸；

（2）个人防护；

（3）现场检测；

（4）验电检流；

（5）核对相位；

（6）安全距离；

（7）绝缘遮蔽；

（8）悬挂标示牌和装设遮栏（围栏）。

8.2.1　停用重合闸

依据《国网配电安规》第 11.2.6 条规定：带电作业有下列情况之一者，应停用重合闸，并不应强送电：

（1）中性点有效接地的系统中有可能引起单相接地的作业；

（2）中性点非有效接地的系统中有可能引起相间短路的作业；

（3）工作票签发人或工作负责人认为需要停用重合闸的作业。

不应约时停用或恢复重合闸。

重合闸是指当架空线路因故障导致断路器跳闸后，系统短时间内将器断路器重新合上的操作，是运行中常采用的自恢复供电方法之一，同时减少因故障导致的停电时间和范围。

停用重合闸，主要是对于中性点非有效接地的系统中有可能引起相间短路的作业，防止重合闸引起的过电压对作业安全造成的影响，以及若短路故障发生在作业点处可避免对作业人员的二次伤害，防止事故扩大。停用重合闸不应约时停用或恢复重合闸，以防止带电作业时重合闸装置未退出或已恢复对作业安全带来影响。

8.2.2　个人防护

依据《国网配电安规》第 11.2.6 条规定：

带电作业，应穿戴绝缘防护用具（绝缘服或绝缘披肩或绝缘袖套、绝缘手套、绝缘鞋、绝缘安全帽等）。带电断、接引线作业应戴护目镜，使用的安全带应有良好的绝缘性能。带电作业过程中，不应摘下绝缘防护用具。

正确使用个人绝缘防护用具，是保证带电作业安全、做好人身安全防护工作的重要技术措施。

8.2.3　现场检测

依据《国网配电安规》第 11.8.2 条、《电力安全工作规程　线路部分》（Q/GDW 1799.2—2013）第 13.11.2.5 条，结合《配电导则》《旁路导则》和《配电规范》的规定：

（1）现场作业开始前，应将绝缘工器具按类别分区摆放在防潮的帆布或绝缘垫上，使用干燥毛巾对绝缘工器具进行擦拭并进行外观检查确认完好无损。

（2）个人绝缘防护用具使用前必须进行外观检查，绝缘手套使用前必须进行充（压）气检测，确认合格后方可使用。安全带应做冲击检查，作业人员全程不得失去高空保护。

（3）使用 2500V 及以上绝缘电阻表或绝缘检测仪对绝缘工具进行分段绝缘检测（电极宽 2cm，极间宽 2cm），阻值应不低于 700MΩ，测试人员应戴绝缘手套，持表人员应戴清洁的手套。

使用 2500V 或以上的绝缘电阻测试仪测量绝缘工具的表面绝缘电阻，绝缘电阻阻值应不低于 700MΩ，测试电极的电极宽 2cm，电极间距 2cm。

（4）绝缘斗臂车外观检查确认完好无损，进行车空斗试操作，确认液压传动、升降、伸缩、回转等操运行正常。

（5）旁路作业设备外观检查确认完好无损，对旁路系统进行绝缘电阻测量（包括相间、相对地及断口间绝缘电阻），绝缘电阻值均应不小于 500MΩ，以及旁路系统导通检测，检测后应及时放电，测试人员应戴绝缘手套，持表人员应戴清洁的手套。

8.2.4 验电检流

1. 验电

依据《配电导则》第 9.12、9.13 条，以及《国网配电安规》第 6.3.2、6.3.4 条，有如下规定。

（1）在接近带电体的过程中，应从下方依次验电，对人体可能触及范围内的低压线支承件、金属紧固件、横担、金属支承件、带电导体亦应验电，确认无漏电现象。

（2）验电时人应处于与带电导体保持足够安全距离的位置（10kV，0.7m）。在低压带电导线或漏电的金属紧固件未采取绝缘遮蔽或隔离措施时，作业人员不得穿越或碰触。

（3）高压验电前，验电器应先在高压有电设备上试验，验证验电器良好；无法在有电设备上试验时，可用工频高压发生器等确证验电器良好。

（4）高压验电时，人体与被验电的线路、设备的带电部位应保持表 2 规定的安全距离（10kV，0.7m）。使用伸缩式验电器，绝缘棒应拉到位，验电时手应握在手柄处，不应超过护环，应戴绝缘手套。

2. 检流

（1）对于带负荷作业项目：①短接前，即用旁路设备（绝缘引流线或旁路引下电缆）短接运行设备，应使用电流检测仪检测线路负荷电流，确认旁路设备的额定电流不小于负荷电流（不大于 200A）；②短接后（旁路设备与运行设备并联运行后），应核查旁路设备分流情况是否正常；③运行设备投入运行后，确认运行设备通流情况是否正常；④旁路设备退出运行后，应确认运行设备通流正常。

依据《国网配电安规》第 11.4.2 条、《配电规范》的 C.24.4.3.1 旁路作业法、C.24.4.3.2 绝缘引流线法，有如下规定。

1）旁路带负荷更换开关设备的绝缘引流线的截面积和两端线夹的载流容量，应满足最大负荷电流的要求。

2）旁路作业法：①用电流检测仪测量三相导线电流，确认每相负荷电流不超过 200A；②用电流检测仪逐相检测三相旁路电缆电流，确认每一相分流的负荷电流应不小于原线路负荷电流的 1/3。

3）绝缘引流线法：①用电流检测仪测量三相导线电流，确认负荷电流（不超过 200A）应小于绝缘引流线额定电流；②电流检测仪逐相测量三相绝缘引流线电流，确认每一相分流的负荷电流应不小于原线路负荷电流的 1/3。

（2）对于旁路作业项目：①旁路系统（旁路电缆回路）投入运行前，应检测线路负荷电流（不大于 200A）小于旁路系统额定电流；②旁路系统投入运行后，应检测旁路系统分流情况是否正常；③运行设备投入运行后，确认运行设备通流情况是否正常；④旁路系统退出运行后，应确认运行设备通流正常。

依据《国网配电安规》第 11.5 条、《旁路导则》附录 C 的规定：

1）采用旁路作业方式进行电缆线路不停电作业时，旁路电缆两侧的环网柜等设备均应带断路器（开关），并预留备用间隔。负荷电流（不大于 200A）应小于旁路系统额定电流。

2）旁路设备与待检修设备、检修后设备并联运行后，应根据旁路设备及待检修设备、检修后设备的参数，核查旁路设备分流情况是否正常。一般情况下，旁路电缆分流约占总电流的 1/4～3/4。

8.2.5　核对相位

对于带负荷作业项目中旁路设备（绝缘引流线或旁路引下电缆）或旁路作业项目中的旁路系统（旁路电缆回路）投入运行前，必须"核对相位（核相）"，确保相位正确。核相的方法通常有：①旁路电缆"色标（黄、绿、红）"核查；②使用万用表依据电压是否有变化进行核相；③使用核相仪进行核相或利用旁路设备的核相功能进行核相。

依据《配电导则》第 11.4.1 条，以及《配电规范》《旁路导则》中的相关规定：

（1）用绝缘引流线或旁路电缆短接设备前，应闭锁断路器（开关）跳闸回路，短接时应核对相位，载流设备应处于正常通流或合闸位置。

（2）旁路系统（旁路电缆回路）投入运行前必须进行核相，确认相位正确后方可投入运行。

8.2.6　安全距离

依据《配电导则》第 7.1、7.2 条，《国网配电安规》第 11.2.1、11.2.10 条，以及结合《配电规范》的内容，有如下相关规定。

（1）最小安全距离：①在配电线路上采用绝缘杆作业法时，人体与带电体的最小安全距离（不包括人体活动范围）应不小于 0.4m（10kV）；②斗臂车的臂上金属部分在仰起、回转运动中，与带电体间的最小安全距离应不小于 0.9m（10kV）；③带电升起、下落、左右移动导线等作业时，与被跨物间交叉、平行的最小安全距离应不小于 1.0m（10kV）；④在配电线路上采用绝缘手套作业法时，人体应对不同电位（接地体、带电体）保持不小于 0.4m（10kV）的安全距离，安全距离不足时，应采用绝缘遮蔽措施，绝缘遮蔽的重合长度应不小于 150mm（10kV）。

（2）最小有效绝缘长度：①绝缘承力工具的最小有效绝缘长度应不小于 0.4m（10kV）；②绝缘操作工具的最小有效绝缘长度应不小于 0.7m（10kV）。

8.2.7 绝缘遮蔽

依据《国网配电安规》第 11.2.8、11.2.9 条，《配电导则》第 6.2.2、9.14、9.15、9.16 条，有如下规定。

（1）对作业中可能触及的其他带电体及无法满足安全距离的接地体（导线支承件、金属紧固件、横担、拉线等）应采取绝缘遮蔽措施。

（2）作业区域带电体、绝缘子等应采取相间、相对地的绝缘隔离（遮蔽）措施。不应同时接触两个非连通的带电体或同时接触带电体与接地体。

（3）采用绝缘手套作业法时无论作业人员与接地体和相邻带电体的空气间隙是否满足规定的安全距离，作业前均应对人体可能触及范围内的带电体和接地体进行绝缘遮蔽。

开展带电作业工作，必须将人身安全有保障放在首要位置，在带电作业区域采取由主绝缘工具、辅助绝缘用具和安全距离所组成的"多层后备绝缘防护"措施至关重要，缺一不可。带电作业人员穿戴个人绝缘防护用具，对作业中可能触及的带电体和接地体设置绝缘遮蔽（隔离）措施，作业中人体与带电体、接地体保持足够的安全距离，必须在生产中切实有效地地全面贯彻、执行与落实。

（4）对带电体设置绝缘遮蔽时，应按照从近到远的原则，从离身体最近的带电体依次设置；对上下多回分布的带电导线设置遮蔽用具时，应按照从下到上的原则，从下层导线开始依次向上层设置；对导线、绝缘子、横担的设置次序应按照从带电体到接地体的原则，先放导线遮蔽用具，再放绝缘子遮蔽用具，然后对横担进行遮蔽，遮蔽用具之间的接合处的重合长度应不小于表 12 的规定（150mm），如果重合部分长度无法满足要求，应使用其他遮蔽用具遮蔽接合处，使其重合长度满足要求。

（5）如遮蔽罩有脱落的可能时，应采用绝缘夹或绝缘绳绑扎，以防脱落。作业位置周围如有接地拉线和低压线等设施，也应使用绝缘挡板、绝缘毯、遮蔽罩等对周边物体进行绝缘隔离。另外，无论导线是裸导线还是绝缘导线，在作业中均应进行绝缘遮蔽。对绝缘子等设备进行遮蔽时，应避免人为短接绝缘子片。

（6）拆除遮蔽用具应从带电体下方(绝缘杆作业法)或者侧方(绝缘手套作业法)拆除绝缘遮蔽用具，拆除顺序与设置遮蔽相反：应按照从远到近的原则，即从离作业人员最远的开始依次向近处拆除；如是拆除上、下多回路的绝缘遮蔽用具，应按照从上到下的原则，从上层开始依次向下顺序拆除；对于导线、绝缘子、横担的遮蔽拆除，应按照先接地体后带电体的原则，先拆横担遮蔽用具（绝缘垫、绝缘毯、遮蔽罩）、再拆绝缘子遮蔽用具、然后拆导线遮蔽用具。在拆除绝缘遮蔽用具时应注意不使被遮蔽体显著振动，应尽可能轻地拆除。

综上所述，在设置绝缘遮蔽措施和拆除绝缘遮蔽用具时，应当注意如下内容：

（1）设置遮蔽的原则："从近到远、从下到上、先带电体后接地体"；

（2）拆除遮蔽的原则：拆除顺序与设置遮蔽相反"从远到近、从上到下、先接地体后带电体"；

（3）遮蔽的动作要求：动作轻缓又规范，控制动作幅度，动作之间无缝衔接；

（4）遮蔽的效果要求：绝缘遮蔽严密和牢固，用具之间的搭接部分应有大于 150mm 的重合；

（5）遮蔽的注意事项：①何处需要遮蔽（位置）、为何要遮蔽（目的）、如何遮蔽（方法）；②保持规定的安全距离，严禁人体串入电路，严禁人体同时接触两个不同的电位体；③绝缘斗内双人作业时，禁止同时在不同相或不同电位作业。

8.2.8　悬挂标示牌和装设遮栏（围栏）

依据《国网配电安规》第 6.5 条，有如下规定。

（1）在工作地点或检修的配电设备上悬挂"在此工作！"标示牌；配电设备的盘柜检修、查线、试验、定值修改输入等工作，宜在盘柜的前后分别悬挂"在此工作！"标示牌。

（2）在一经合闸即可送电到工作地点的断路器（开关）和隔离开关（刀闸）的操作处或机构箱门锁把手上及熔断器操作处，应悬挂"禁止合闸，有人工作！"标示牌；若线路上有人工作，应悬挂"禁止合闸，线路有人工作！"标示牌。

（3）城区、人口密集区或交通道口和通行道路上施工时，工作场所周围应装设遮栏（围栏），并在相应部位装设警告标示牌。必要时，派人看管。

（4）作业人员不应越过遮栏（围栏）。

（5）作业人员不应擅自移动或拆除遮栏（围栏）、标示牌。因工作原因需短时移动或拆除遮栏（围栏）、标示牌时，应经工作许可人同意后实施，且有人监护。完毕后应立即恢复。

（6）标示牌样式（《国网配电安规》附录 I）（见表 8-1）。

表 8-1　标示牌样式

名称	悬挂处	样式		
		尺寸	颜色	字样
禁止合闸，有人工作！	一经合闸即可送电到施工设备的断路器（开关）和隔离开关（刀闸）操作把手上	200×160 和 80×65	白底，红色圆形斜杠，黑色禁止标识符号	黑字

续表

名称	悬挂处	样式		
		尺寸	颜色	字样
禁止合闸,线路有人工作!	线路断路器(开关)和隔离开关(刀闸)把手上	200×160 和 80×65	白底,红色圆形斜杠,黑色禁止标识符号	黑字
禁止分闸!	接地刀闸与检修设备之间的断路器(开关)操作把手上	200×160 和 80×65	白底,红色圆形斜杠,黑色禁止标识符号	红底白字
在此工作!	工作地点或检修设备上	250×250 和 80×80	衬底为绿色,中有直径 200mm 和 65mm 白圆圈	黑字,写于白圆圈中
止步,高压危险!	施工地点邻近带电设备的遮栏上、室外工作地点的围栏上、禁止通行的过道上、高压试验地点、室外构架上、工作地点邻近带电设备的横梁上	300×240 和 200×160	白底,黑色正三角形及标识符号,衬底为黄色	黑字
从此上下!	工作人员可以上下的铁架、爬梯上	250×250	衬底为绿色,中有直径 200 mm 白圆圈	黑字,写于白圆圈中
从此进出!	室外工作地点围栏的出入口处	250×250	衬底为绿色,中有直径200mm白圆圈	黑体黑字,写于白圆圈中
禁止攀登,高压危险!	高压配电装置构架的爬梯上、变压器、电抗器等设备的爬梯上	500×400 和 200×160	白底,红色圆形斜杠,黑色禁止标识符号	黑字

注 1:在计算机显示屏上一经合闸即可送电到工作地点的断路器(开关)和隔离开关(刀闸)的操作把手处所设置的"禁止合闸,有人工作!""禁止合闸,线路有人工作!"和"禁止分闸"的标记可参照表中有关标示牌的式样。

注 2:标示牌的颜色和字样应符合 GB 2894 的要求《安全标识及其使用导则》(GB 2894—2008)。

8.3 安 全 措 施

为保证配网不停电作业安全,对于配网不停电作业中的安全措施,除制定相关的安全注意事项外,还要结合项目作业时的"危险点"制定相应的预控措施。其中,配网不停电作业常见的危险点有:人身触电、电弧灼伤、高空坠落、物体打击、交通意外、违章作业、高温中暑风险以及其他危险点等。下面对配网不停电作业常用项目作业时的安全注意事项说明如下。

8.3.1 引线类项目

(1)带电断、接引线必须确认线路空载。禁止带负荷断、接引线。

（2）带电断、接引线必须查明线路"三无一良"才可进行。线路的"三无一良"（线路无接地、无人工作、相位正确无误；绝缘良好）直接影响断、接引线的工作安全乃至生产的安全。

（3）带电断、接引线时，接通第一相或断开部分相而未全部断开时，由于导线的线间电容和对地电容的存在，将会在另外不带电的相线上产生感应电，如果作业人员未采取措施而直接接触，就可能遭受电击发生事故。为此，已断开、待接入的引线均应视为带电体。禁止同时接触未接通的或已断开的导线两个断头。

（4）带电断、接引线时，应使用绝缘（双头）锁杆防止已断开、待接入的引线摆动碰及带电体或接地体；移动已断开、待接入的引线应密切注意与带电体保持可靠的安全距离。

（5）带电断、接引线时，严禁人体串入电路。

1）带电断、接引线应优先使用绝缘（双头）锁杆将待断开的引线脱离主导线（即先断开、后脱离），以及使用绝缘（双头）锁杆将待接入的引线先搭接上主导线后再进行固定（即先搭接、后固定）。

2）使用绝缘（双头）锁杆断、接引线，不仅可以有效预防未接通相的导线、已断开相的导线对人体的感应电伤害，还可有效严防断、接主线引线时，人体串入电路（即一手先行握住主导线、另一只手拿住引线断开，或一手先行握住主导线、另一只手拿住引线接入）。

（6）采用绝缘杆作业法进行登杆作业。

1）杆上电工登杆作业应正确使用安规规定的安全带，到达安全作业工位后（远离带电体保持足够的安全作业距离），应将个人使用的后备保护绳（二防绳）安全可靠地固定在电杆合适位置上。

2）杆上电工在电杆或横担上悬挂（拆除）绝缘传递绳时，应使用绝缘操作杆在确保安全作业距离的前提下进行。

3）采用绝缘杆作业法（登杆）作业时，杆上电工应根据作业现场的实际工况正确穿戴绝缘防护用具，做好人身安全防护工作。

4）个人绝缘防护用具使用前必须进行外观检查，绝缘手套使用前必须进行充（压）气检测，确认合格后方可使用。带电作业过程中，禁止摘下绝缘防护用具。

5）杆上电工作业过程中，包括设置（拆除）绝缘遮蔽（隔离）用具的作业中，站位选择应合适，在不影响作业的前提下，应确保人体远离带电体，手持绝缘操作杆的有效绝缘长度不小于 0.7m、人体与带电体保持足够的安全作业距离。

6）杆上作业人员伸展身体各部位有可能同时触及不同电位（带电体和接地体）的设备时，或作业中不能有效保证人体与带电体最小 0.4m 以上的安全距离时，作业前必须对带电体进行绝缘遮蔽（隔离），遮蔽用具之间的重叠部分不得小于 150mm。

7）杆上电工配合作业断引线时，应采用绝缘操作杆和绝缘（双头）锁杆防止断开的引线摆动碰及带电设备的可靠方法与措施；移动断开的引线时应密切注意与带电体保持可靠的安全距离（0.4m）；已断开的引线应视为带电，严禁人体同时接触两个不同的电位体。

8）杆上电工配合作业搭接引线时，应采用绝缘操作杆和绝缘（双头）锁杆防止搭接的引线摆动碰及带电设备的可靠方法与措施；移动搭接的引线时应密切注意与带电体保持可靠的安全距离（0.4m）；未搭接的引线应视为带电，严禁人体同时接触两个不同的电位体。

（7）采用绝缘手套作业法进行绝缘斗臂车作业。

1）进入绝缘斗内的作业人员必须穿戴个人绝缘防护用具（绝缘手套、绝缘服或绝缘披肩等），做好人身安全防护工作。使用的安全带应有良好的绝缘性能，起臂前安全带保险钩必须系挂在斗内专用挂钩上。绝缘斗臂车使用前应可靠接地。作业中的绝缘斗臂车绝缘臂伸出的有效绝缘长度不小于 1.0m。

2）个人绝缘防护用具使用前必须进行外观检查，绝缘手套使用前必须进行充（压）气检测，确认合格后方可使用。带电作业过程中，禁止摘下绝缘防护用具。

3）斗内电工对带电作业中可能触及的带电体和接地体设置绝缘遮蔽（隔离）措施时，缘遮蔽（隔离）的范围应比作业人员活动范围增加 0.4m 以上，绝缘遮蔽用具之间的重叠部分不得小于 150mm，遮蔽措施应严密与牢固。

4）斗内电工按照"先外侧（近边相和远边相）、后内侧（中间相）"的顺序依次进行同相绝缘遮蔽（隔离）时，应严格遵循"先带电体后接地体"的原则。绝缘斗内双人作业时，禁止在不同相或不同电位同时作业进行绝缘遮蔽（隔离）。

5）斗内电工作业时严禁人体同时接触两个不同的电位体，包括设置（拆除）绝缘遮蔽（隔离）用具的作业中，作业工位的选择应合适，在不影响作业的前提下，人身务必与带电体和接地体保持一定的安全距离，以防斗内电工作业过程中人体串入电路。绝缘斗内双人作业时，禁止同时在不同相或不同电位作业。

6）斗内电工按照"先内侧（中间相）、后外侧（近边相和远边相）"的顺序依次拆除同相绝缘遮蔽（隔离）用具时，应严格遵循"先接地体后带电体"的原则。绝缘斗内双人作业时，禁止在不同相或不同电位同时作业进行绝缘遮蔽用具的拆除。

7）对于绝缘手套作业法带电断开引线作业：①斗内电工配合作业断开引线时，应采用绝缘（双头）锁杆防止断开的引线摆动碰及带电设备的可靠方法与措施，移动断开的引线时应密切注意与带电体保持可靠的安全距离（0.4m）；②严禁人体同时接触两个不同的电位体，断开主线引线时严禁人体串入电路，已断开的引线应视为带电。

8）对于绝缘手套作业法带电搭接引线作业：①斗内电工配合作业安装引线时，应采用绝缘（双头）锁杆防止搭接的引线摆动碰及带电设备的可靠方法与措施；移动搭接的引线时应密切注意与带电体保持可靠的安全距离（0.4m）；②严禁人体同时接触两个不同的电位体，搭接主线引线时严禁人体串入电路，未接入的引线应视为带电。

9）对于带电断空载电缆线路连接引线作业：①带电断空载电缆线路连接引线之前，应与运行部门共同确定电缆负荷侧开关（断路器或隔离开关等）处于断开位置；②斗内电工进入带电作业区域前，确认电缆引线空载电流不大于 5A。当空载电流大于 0.1A、小于 5A 时，应用消弧开关断架空线路与空载电缆线路引线；③安装消弧开关与电缆终端接线端子处（或支柱型避雷器处）间的绝缘引流线时，应先接无电端、再接有电端；拆除绝缘引流线时，应先拆有电端、再拆无电端。④使用消弧开关前应确认消弧开关在断开位置并闭锁，防止其突然合闸；拉合消弧开关前应再次确认接线正确无误，防止相位错误引发短路。其中，消弧开关的合闸（合）、分闸（断）状态，应通过其操作机构位置（或灭弧室动静触头相对位置）以及用电流检测仪测量电流的方式综合判断。

10）对于带电接空载电缆线路连接引线作业：①带电接空载电缆线路连接引线之前，应与运行部门共同确定电缆负荷侧开关（断路器或隔离开关等）处于断开位置。空载电缆长度应不大于 3km。②斗内电工对电缆引线验电后，应使用绝缘电阻检测仪检查电缆是否空载且无接地。③安装消弧开关与电缆终端接线端子处（或支柱型避雷器处）间的绝缘引流线时，应先接无电端、再接有电端；拆除绝缘引流线时，应先拆有电端、再拆无电端。④使用消弧开关前应确认消弧开关在断开位置并闭锁，防止其突然合闸；拉合消弧开关前应再次确认接线正确无误，防止相位错误引发短路。其中，消弧开关的合闸（合）、分闸（断）状态，应通过其操作机构位置（或灭弧室动静触头相对位置）以及用电流检测仪测量电流的方式综合判断。

8.3.2　元件类项目

（1）进入绝缘斗内的作业人员必须穿戴个人绝缘防护用具（绝缘手套、绝缘服或绝缘披肩等），做好人身安全防护工作。使用的安全带应有良好的绝缘性能，起臂前安全带保险钩必须系挂在斗内专用挂钩上。

（2）个人绝缘防护用具使用前必须进行外观检查，绝缘手套使用前必须进行充（压）气检测，确认合格后方可使用。带电作业过程中，禁止摘下绝缘防护用具。

（3）绝缘斗臂车使用前应可靠接地。作业中的绝缘斗臂车绝缘臂伸出的有效绝缘长度不小于 1.0m。

（4）斗内电工对带电作业中可能触及的带电体和接地体设置绝缘遮蔽（隔离）措施时，缘遮蔽（隔离）的范围应比作业人员活动范围增加 0.4m 以上，绝缘遮蔽用具之间的重叠部分不得小于 150mm，遮蔽措施应严密与牢固。

（5）斗内电工按照"先外侧（近边相和远边相）、后内侧（中间相）"的顺序依次进行同相绝缘遮蔽（隔离）时，应严格遵循"先带电体后接地体"的原则。绝缘斗内双人作业时，禁止在不同相或不同电位同时作业进行绝缘遮蔽（隔离）。

（6）斗内电工作业时严禁人体同时接触两个不同的电位体，包括设置（拆除）绝缘遮蔽（隔离）用具的作业中，作业工位的选择应合适，在不影响作业的前提下，人身务必与带电体和接地体保持一定的安全距离，以防斗内电工作业过程中人体串入电路。绝缘斗内双人作业时，禁止同时在不同相或不同电位作业。

（7）斗内电工按照"先内侧（中间相）、后外侧（近边相和远边相）"的顺序依次拆除同相绝缘遮蔽（隔离）用具时，应严格遵循"先接地体后带电体"的原则。绝缘斗内双人作业时，禁止在不同相或不同电位同时作业进行绝缘遮蔽用具的拆除。

（8）带电更换更换直线杆绝缘子及横担作业。

1）绝缘横担的安装高度应满足安全距离（0.4m）的要求。安装（拆除）绝缘横担时，必须是在作业范围内的带电体完全绝缘遮蔽的前提下进行，起吊时应使用绝缘小吊臂缓慢进行。

2）提升和下降导线时要缓慢进行，导线起吊高度应满足安全距离（0.4m）的要求。使用绑扎线时应盘成小盘，拆除（绑扎）绝缘子绑扎线时，绑扎线的展放长度不应超过10cm。导线脱离绝缘子后应及时恢复导线上的绝缘遮蔽措施。

3）拆除（安装）直线杆绝缘子及横担时，同安装（拆除）绝缘横担一样，也必须是在作业范围内的带电体完全绝缘遮蔽的前提下进行，起吊时应使用绝缘小吊臂缓慢进行。

（9）带电更换耐张杆绝缘子串作业。

1）安装绝缘紧线器、备保护绳以及更换耐张绝缘子时，绝缘绳套（或安装在耐张横担上绝缘拉杆、绝缘联板）和保护绳的有效绝缘长度不小于0.4m。绝缘紧线器收紧导线后，后备保护绳套应适当收紧并固定。

2）拔除、安装耐张线夹与耐张绝缘子连接的碗头挂板时，以及在横担上拆除、挂接耐张绝缘子串时，横担侧绝缘子及耐张线夹等导线侧带电体应有严密的绝缘遮蔽措施。作业时严禁人体同时接触两个不同的电位体，拆除（安装）耐张绝缘子时严禁人体串入电路。

（10）带负荷更换导线非承力线夹作业。

1）绝缘引流线的安装应采用专用支架（或绝缘横担）进行支撑和固定。安装绝缘引流线前应查看额定电流值，所带负荷电流不得超过绝缘引流线的额定电流。当导线连接（线夹）处发热时，禁止使用绝缘引流线进行短接，需要使用单相开关短接。

2）采用逐相更换导线非承力线夹或更换其中的某一相导线非承力线夹的整个作业过程中，应确保绝缘引流线连接可靠、相位正确、通流正常。短接每一相时，应注意绝缘引流线另一端头不得放在工作斗内。

3）绝缘引流线搭接未完成前严禁更换导线非承力线夹。绝缘引流线两端连接后或拆除前，应检测相关设备通流情况正常，绝缘引流线每一相分流的负荷电流应不小于原线路负荷电流的1/3。

4）断开（搭接）引线更换导线非承力线夹时严禁人体串入电路，严禁人体同时接触两个不同的电位体。斗内作业人员应确保人体与带电体（接地体）保持一定的安全距离。

5）逐相拆除绝缘引流线时，应对先拆除端引流线夹部分进行绝缘遮蔽，拆下的绝缘引流线端头不得放在工作斗内，将其临时悬挂在绝缘引流线支架上。

8.3.3　电杆类项目

（1）进入绝缘斗内的作业人员必须穿戴个人绝缘防护用具（绝缘手套、绝缘服或绝缘披肩等），做好人身安全防护工作。使用的安全带应有良好的绝缘性能，起臂前安全带保险钩必须系挂在斗内专用挂钩上。

（2）个人绝缘防护用具使用前必须进行外观检查，绝缘手套使用前必须进行充（压）气检测，确认合格后方可使用。带电作业过程中，禁止摘下绝缘防护用具。

（3）绝缘斗臂车使用前应可靠接地。作业中，绝缘斗臂车绝缘臂伸出的有效绝缘长度不小于 1.0m。

（4）斗内电工按照"先外侧（近边相和远边相）、后内侧（中间相）"的顺序，依次对作业位置处带电体（导线）设置绝缘遮蔽（隔离）措施时，缘遮蔽（隔离）的范围应比作业人员活动范围增加 0.4m 以上，绝缘遮蔽用具之间的重叠部分不得小于 150mm。绝缘斗内双人作业时，禁止在不同相或不同电位同时作业进行绝缘遮蔽。

（5）斗内电工作业时严禁人体同时接触两个不同的电位体，在整个的作业过程中，包括设置（拆除）绝缘遮蔽（隔离）用具的作业中，作业工位的选择应合适，在不影响作业的前提下，人身务必与带电体和接地体保持一定的安全距离，以防斗内电工作业过程中人体串入电路。绝缘斗内双人作业时，禁止同时在不同相或不同电位作业。

（6）斗内电工拆除绝缘遮蔽（隔离）用具的作业中，应严格遵守"先内侧（中间相）、后外侧（近边相和远边相）"的拆除原则（与遮蔽顺序相反）。绝缘斗内双人作业时，禁止在不同相或不同电位同时作业拆除绝缘遮蔽（隔离）用具。

（7）带电组立或更换直线电杆作业。

1）导线专用扩张器或导线提升专用吊杆安装应牢固可靠。支撑导线过程中，应检查两侧电杆上的导线绑扎线情况。绑扎和拆除绝缘子绑扎线时，严禁人体同时接触两个不同的电位；支撑（下降）导线时，要缓缓进行，以防止导线晃动，避免造成相间短路。

2）撤除、组立电杆时，电杆杆根应设置接地保护措施，杆根作业人员应穿绝缘靴、戴绝缘手套，起重设备操作人员应穿绝缘靴；吊车吊钩应在 10kV 带电导线的下方，电杆应顺线路方向起立或下降。

3）吊车操作人员应服从指挥人员的指挥，在作业过程中不得离开操作位置。电杆组立过程中，工作人员应密切注意电杆与带电线路保持 1.0m 以上的安全距离，吊车吊臂与带电线路保持 1.5m 以上安全距离。作业线路下层有低压线路同杆并架时，如妨碍作业，应对作业范围内的相关低压线路采取绝缘遮蔽措施。

（8）带负荷直线杆改耐张杆。

1）绝缘引流线的安装应采用专用支架（或绝缘横担）进行支撑和固定。绝缘引流线两端连接后或拆除前，应检测相关设备通流情况正常，绝缘引流线每一相分流的负荷电流应不小于原线路负荷电流的1/3。绝缘引流线搭接时应确保相位正确、搭接点接连接可靠。短接每一相时，应注意绝缘引流线另一端头不得放在工作斗内。

2）拆除（安装）绝缘子和横担时应确保作业范围的带电体完全遮蔽的前提下进行；在导线收紧后开断导线前，应加设防导线脱落的后备保护安全措施（绝缘保护绳）。紧线（开断）导线应同相同步进行。

3）在进行三相导线开断前，应检查绝缘引流线连接可靠，并应得到工作负责人（监护人）的许可。三相导线的连接工作未完成前，绝缘引流线不得拆除。安装（拆除）绝缘引流线应同相同步进行。

8.3.4 设备类项目

（1）进入绝缘斗内的作业人员必须穿戴个人绝缘防护用具（绝缘手套、绝缘服或绝缘披肩等），做好人身安全防护工作。使用的安全带应有良好的绝缘性能，起臂前安全带保险钩必须系挂在斗内专用挂钩上。

（2）个人绝缘防护用具使用前必须进行外观检查，绝缘手套使用前必须进行充（压）气检测，确认合格后方可使用。带电作业过程中，禁止摘下绝缘防护用具。

（3）绝缘斗臂车使用前应可靠接地。作业中的绝缘斗臂车绝缘臂伸出的有效绝缘长度不小于1.0m。

（4）斗内电工对带电作业中可能触及的带电体和接地体设置绝缘遮蔽（隔离）措施时，缘遮蔽（隔离）的范围应比作业人员活动范围增加0.4m以上，绝缘遮蔽用具之间的重叠部分不得小于150mm，遮蔽措施应严密与牢固。

（5）斗内电工按照"先外侧（近边相和远边相）、后内侧（中间相）"的顺序依次进行同相绝缘遮蔽（隔离）时，应严格遵循"先带电体后接地体"的原则。绝缘斗内双人作业时，禁止在不同相或不同电位同时作业进行绝缘遮蔽（隔离）。

（6）斗内电工作业时严禁人体同时接触两个不同的电位体，包括设置（拆除）绝缘遮蔽（隔离）用具的作业中，作业工位的选择应合适，在不影响作业的前提下，人身务必与带电体和接地体保持一定的安全距离，以防斗内电工作业过程中人体串入电路。绝缘斗内双人作业时，禁止同时在不同相或不同电位作业。

（7）斗内电工按照"先内侧（中间相）、后外侧（近边相和远边相）"的顺序依次拆除同相绝缘遮蔽（隔离）用具时，应严格遵循"先接地体后带电体"的原则。绝缘斗内双人作业时，禁止在不同相或不同电位同时作业进行绝缘遮蔽用具的拆除。

（8）绝缘杆作业法（登杆作业）带电更换熔断器作业时：①斗内电工配合作业断开（搭接）引线时，应采用绝缘（双头）锁杆防止断开（搭接）的引线摆动碰及带电设备的可靠方法与措施，移动断开（搭接）的引线时应密切注意与带电体保持可靠的安全距离（0.4m）。②断（接）引线以及更换（三相）熔断器时，严禁人体同时接触两个不同的电位体，断开（搭接）开主线引线时严禁人体串入电路，已断开（未接入）的引线应视为带电。

（9）绝缘手套作业法（绝缘斗臂车作业）带电更换熔断器或隔离开关作业。

1）斗内电工配合作业断开（搭接）引线时，应采用绝缘（双头）锁杆防止断开（搭接）的引线摆动碰及带电设备的可靠方法与措施，移动断开（搭接）的引线时应密切注意与带电体保持可靠的安全距离（0.4m）。

2）断（接）引线以及更换（三相）熔断器时，严禁人体同时接触两个不同的电位体，断开（搭接）开主线引线时严禁人体串入电路，已断开（未接入）的引线应视为带电。

（10）绝缘引流线法作业。

1）绝缘引流线的安装应采用专用支架（或绝缘横担）进行支撑和固定。安装绝缘引流线前应查看额定电流值，所带负荷电流不得超过绝缘引流线的额定电流。当导线连接（线夹）处发热时，禁止使用绝缘引流线进行短接，需要使用单相开关短接。

2）搭接绝缘引流线时应确保连接可靠、相位正确、通流正常。短接每一相时，应注意绝缘引流线另一端头不得放在工作斗内。三相绝缘引流线搭接未完成前严禁拉开隔离开关，三相隔离开关未合上前严禁拆除绝缘引流线。

3）斗内电工配合作业断开（搭接）引线时，应采用绝缘（双头）锁杆防止断开（搭接）的引线摆动碰及带电设备的可靠方法与措施，移动断开（搭接）的引线时应密切注意与带电体保持可靠的安全距离（0.4m）。

4）断（接）引线以及更换（三相）隔离开关时，应确保绝缘引流线连接可靠、相位正确、通流正常，断开（搭接）开主线引线时严禁人体串入电路，已断开（未接入）的引线应视为带电，严禁人体同时接触两个不同的电位体。

5）逐相拆除绝缘引流线时，应对先拆除端引流线夹部分进行绝缘遮蔽，拆下的绝缘引流线端头不得放在工作斗内，将其临时悬挂在绝缘引流线支架上。

（11）旁路作业法作业。

1）带电安装（拆除）安装高压旁路引下电缆前，必须确认（电源侧）旁路负荷开关处于"分"闸状态并可靠闭锁。

2）带电安装（拆除）安装高压旁路引下电缆时，必须是在作业范围内的带电体（导线）完全绝缘遮蔽的前提下进行，起吊高压旁路引下电缆时应使用小吊臂缓慢进行。

3）带电接入旁路引下电缆时，必须确保旁路引下电缆的相色标记 "黄、绿、红"与高压架空线路的相位标记 A（黄）、B（绿）、C（红）保持一致。接入的顺序是"远边相、中间相和近边相"导线，拆除的顺序相反。

4）高压旁路引下电缆与旁路负荷开关可靠连接后，在与架空导线连接前，合上旁路负荷开关检测旁路回路绝缘电阻应不小于 500MΩ；检测完毕、充分放电后，断开且确认旁路负荷开关处于"分闸"状态并可靠闭锁。

5）在起吊高压旁路引下电缆前，应事先用绝缘毯将与架空导线连接的引流线夹遮蔽好，并在其合适位置系上长度适宜的起吊绳和防坠绳。

6）挂接高压旁路引下电缆的引流线夹时应先挂防坠绳、再拆起吊绳；拆除引流线夹时先挂起吊绳，再拆防坠绳；拆除后的引流线夹及时用绝缘毯遮蔽好后再起吊下落。

7）拉合旁路负荷开关应使用绝缘操作杆进行，旁路回路投入运行后应及时锁死闭锁机构。旁路回路退出运行，断开高压旁路引下电缆后应对旁路回路充分放电。

8）斗内电工配合作业断开（搭接）引线时，应采用绝缘（双头）锁杆防止断开（搭接）的引线摆动碰及带电设备的可靠方法与措施，移动断开（搭接）的引线时应密切注意与带电体保持可靠的安全距离（0.4m）。

9）断（接）引线以及更换柱上负荷开关时，应确保旁路回路通流正常，断开（搭接）开主线引线时严禁人体串入电路，已断开（未接入）的引线应视为带电，严禁人体同时接触两个不同的电位体。

8.3.5 消缺类项目

1. 绝缘杆作业法

（1）杆上电工登杆作业应正确使用安规规定的安全带，到达安全作业工位后（远离带电体至少一个安全作业距离 0.9m），应将个人使用的后备保护绳（二防绳）安全可靠地固定在电杆合适位置上。

（2）杆上电工在电杆或横担上悬挂（拆除）绝缘传递绳时，应使用绝缘操作杆在确保安全作业距离（0.9m）的前提下进行。

（3）采用绝缘杆作业法（登杆）作业时，杆上电工应根据作业现场的实际工况正确穿戴绝缘防护用具，做好人身安全防护工作。

（4）个人绝缘防护用具使用前必须进行外观检查，绝缘手套使用前必须进行充（压）气检测，确认合格后方可使用。带电作业过程中，禁止摘下绝缘防护用具。

（5）杆上作业人员伸展身体各部位有可能同时触及不同电位（带电体和接地体）的设备时，或作业中不能有效保证人体与带电体最小 0.4m 以上的安全距离时，作业前必须对带电体进行绝缘遮蔽（隔离），遮蔽用具之间的重叠部分不得小于 150mm。

（6）杆上电工作业过程中，包括设置（拆除）绝缘遮蔽（隔离）用具的作业中，站位选择应合适，在不影响作业的前提下，应确保人体远离带电体，手持绝缘操作杆的有效绝缘长度不小于 0.7m、人体与带电体的最小安全作业距离不得小于 0.9m。

2. 绝缘手套作业法

（1）进入绝缘斗内的作业人员必须穿戴个人绝缘防护用具（绝缘手套、绝缘服或绝缘披肩等），做好人身安全防护工作。使用的安全带应有良好的绝缘性能，起臂前安全带保险钩必须系挂在斗内专用挂钩上。带电作业过程中，禁止摘下绝缘防护用具。

（2）绝缘斗臂车使用前应可靠接地。对于伸缩臂式和混合式的绝缘斗臂车，作业中的绝缘臂伸出的有效绝缘长度应不小于 1.0m。禁止绝缘斗超载工作和超载起吊。

（3）绝缘斗内双人作业时，禁止在不同相或不同电位同时作业。

（4）《配电线路带电作业技术导则》（GB/T 18857）第 6.2.2、6.2.3 条规定：采用绝缘手套作业法时无论作业人员与接地体和相邻带电体的空气间隙是否满足（安规）规定的安全距离（人体对地不小于 0.4m 、对邻相导线不小于 0.6m），作业前均需对人体可能触及范围内的带电体和接地体进行绝缘遮蔽。在作业范围窄小，电气设备布置密集处，为保证作业人员对相邻带电体或接地体的有效隔离，在适当位置还应装设绝缘隔板等限制作业人员的活动范围。

（5）斗内作业人员按照"先外侧（近边相和远边相）、后内侧（中间相）"的顺序依次进行同相绝缘遮蔽（隔离）时，应严格遵循"先带电体后接地体"的原则。绝缘斗内双人作业时，禁止在不同相或不同电位同时作业进行绝缘遮蔽（隔离）。

（6）缘遮蔽（隔离）的范围应比作业人员活动范围增加 0.4m 以上，绝缘遮蔽用具之间的重叠部分不得小于 150mm，遮蔽措施应严密与牢固。

（7）斗内人员作业时严禁人体同时接触两个不同的电位体，包括设置（拆除）绝缘遮蔽（隔离）用具的作业中，作业工位的选择应合适，在不影响作业的前提下，人身务必与带电体和接地体保持一定的安全距离，以防斗内人员作业过程中人体串入电路。

（8）斗内作业人员按照"先内侧（中间相）、后外侧（近边相和远边相）"的顺序依次拆除同相绝缘遮蔽（隔离）用具时，应严格遵循"先接地体后带电体"的原则。绝缘斗内双人作业时，禁止在不同相或不同电位同时作业进行绝缘遮蔽用具的拆除。

8.3.6　旁路类项目

对于旁路类项目协同工作：①带电作业人员负责从架空线路"取电"工作，执行《配电带电作业工作票》；②旁路作业人员负责在"可控"的无电状态下完成从（电源侧）旁路负荷开关给（负荷侧）旁路负荷开关"送电"的旁路回路"接入"工作，执行《配电第一种工作票》或共用《配电带电作业工作票》；③运维人员负责"倒闸操作"工作，执行《配电倒闸操作票》；④停电作业人员负责停电"检修（更换）"工作，执行《配电第一种工作票》。

1.　带电作业协同工作

（1）带电工作负责人（或专责监护人）在工作现场必须履行工作职责和行使监护职责。

（2）进入绝缘斗内的作业人员必须穿戴个人绝缘防护用具（绝缘手套、绝缘服或绝缘披肩等），做好人身安全防护工作。使用的安全带应有良好的绝缘性能，起臂前安全带保险钩必须系挂在斗内专用挂钩上。

（3）个人绝缘防护用具使用前必须进行外观检查，绝缘手套使用前必须进行充（压）气检测，确认合格后方可使用。带电作业过程中，禁止摘下绝缘防护用具。

（4）绝缘斗臂车使用前应可靠接地。作业中，绝缘斗臂车绝缘臂伸出的有效绝缘长度不小于 1.0m。

（5）斗内电工按照"先外侧（近边相和远边相）、后内侧（中间相）"的顺序，依次对作业位置处带电体（导线）设置绝缘遮蔽（隔离）措施时，缘遮蔽（隔离）的范围应比作业人员活动范围增加 0.4m 以上，绝缘遮蔽用具之间的重叠部分不得小于 150mm。绝缘斗内双人作业时，禁止在不同相或不同电位同时作业进行绝缘遮蔽。

（6）斗内电工作业时严禁人体同时接触两个不同的电位体，在整个的作业过程中，包括设置（拆除）绝缘遮蔽（隔离）用具的作业中，作业工位的选择应合适，在不影响作业的前提下，人身务必与带电体和接地体保持一定的安全距离，以防斗内电工作业过程中人体串入电路。绝缘斗内双人作业时，禁止同时在不同相或不同电位作业。

（7）带电安装（拆除）安装高压旁路引下电缆前，必须确认（电源侧和负荷侧）旁路负荷开关处于"分"闸状态并可靠闭锁。

（8）带电安装（拆除）安装高压旁路引下电缆时，必须是在作业范围内的带电体（导线）完全绝缘遮蔽的前提下进行，起吊高压旁路引下电缆时应使用小吊臂缓慢进行。

（9）带电接入旁路引下电缆时，必须确保旁路引下电缆的相色标记"黄、绿、红"与高压架空线路的相位标记 A（黄）、B（绿）、C（红）保持一致。接入的顺序是"远边相、中间相和近边相"导线，拆除的顺序相反。

（10）高压旁路引下电缆与旁路负荷开关可靠连接后，在与架空导线连接前，合上旁路负荷开关检测旁路回路绝缘电阻应不小于 500MΩ；检测完毕、充分放电后，断开且确认旁路负荷开关处于"分闸"状态并可靠闭锁。

（11）在起吊高压旁路引下电缆前，应事先用绝缘毯将与架空导线连接的引流线夹遮蔽好，并在其合适位置系上长度适宜的起吊绳和防坠绳。

（12）挂接高压旁路引下电缆的引流线夹时应先挂防坠绳、再拆起吊绳；拆除引流线夹时先挂起吊绳，再拆防坠绳；拆除后的引流线夹及时用绝缘毯遮蔽好后再起吊下落。

（13）拉合旁路负荷开关应使用绝缘操作杆进行，旁路回路投入运行后应及时锁死闭锁机构。旁路回路退出运行，断开高压旁路引下电缆后应对旁路回路充分放电。

（14）斗内电工拆除绝缘遮蔽（隔离）用具的作业中，应严格遵守"先内侧（中间相）、后外侧（近边相和远边相）"的拆除原则（与遮蔽顺序相反）。绝缘斗内双人作业时，禁止在不同相或不同电位同时作业拆除绝缘遮蔽（隔离）用具。

（15）对于旁路作业检修架空线路作业：带电作业人员在电源侧和负荷侧耐张（开关）杆处完成已检修段线路接入主线路的供电（恢复）工作时，应严格按照带电作业方式进行。

（16）对于旁路作业检修架空线路和不停电更换 10kV 柱上变压器作业，依据《国网配电安规》（第 11.2 条）规定：带电、停电作业配合的项目，当带电、停电作业工序转换前，双方工作负责人应进行安全技术交接，并确认无误。

2. 旁路作业+倒闸操作协同工作

（1）电缆工作负责人（或专责监护人）在工作现场必须履行工作职责和行使监护职责。

（2）采用旁路作业方式进行架空线路检修作业时，必须确认线路负荷电流小于旁路系统额定电流（200A），旁路作业中使用的旁路负荷开关、移动箱变必须满足最大负荷电流要求（200A），旁路开关外壳应可靠接地，移动箱变车按接地要求可靠接地。

（3）展放旁路柔性电缆时，应在工作负责人的指挥下，由多名作业人员配合使旁路电缆离开地面整体敷设在保护槽盒内，防止旁路电缆与地面摩擦且不得受力，防止电缆出现扭曲和死弯现象。展放、接续后应进行分段绑扎固定。

（4）采用地面敷设旁路柔性电缆时，沿作业路径应设安全围栏和"止步、高压危险！"标示牌，防止旁路电缆受损或行人靠近旁路电缆；在路口应采用过街保护盒或架空敷设，如需跨越道路时应采用架空敷设方式。

（5）连接旁路设备和旁路柔性电缆前，应对旁路回路中的电缆接头、接口的绝缘部分进行清洁，并按规定要求均匀涂抹绝缘硅脂。

（6）旁路作业中使用的旁路负荷开关必须满足最大负荷电流要求（小于旁路系统额定电流 200A），旁路开关外壳应可靠接地。

（7）采用自锁定快速插拔直通接头分段连接（接续）旁路柔性电缆终端时，应逐相将旁路柔性电缆的"同相色（黄、绿、红）"快速插拔终端可靠连接，带有分支的旁路柔性电缆终端应采用自锁定快速插拔 T 型接头。接续好的终端接头放置专用铠装接头保护盒内。三相旁路柔性电缆接续完毕后应分段绑扎固定。

（8）接续好的旁路柔性电缆终端与旁路负荷开关连接时应采用快速插拔终端接头，连接应核对分相标识，保证相位色的一致：相色"黄、绿、红"与同相位的 A（黄）、B（绿）、C（红）相连。

（9）旁路系统投入运行前和恢复原线路供电前必须进行核相，确认相位正确方可投入运行。对低压用户临时转供的时候，也必须进行核相（相序）。恢复原线路接入主线路供电前必须符合送电条件。

（10）展放和接续好的旁路系统接入前进行绝缘电阻检测应不小于 500MΩ。绝缘电阻检测完毕后，以及旁路设备拆除前、电缆终端拆除后，均应进行充分放电，用绝缘放电棒放电时，绝缘放电棒（杆）的接地应良好。绝缘放电棒（杆）以及验电器的绝缘有效长度应不小于 0.7m。

（11）操作旁路设备开关、检测绝缘电阻、使用放电棒（杆）进行放电时，操作人员均应戴绝缘手套进行。

（12）旁路系统投入运行后，应每隔半小时检测一次回路的负载电流，监视其运行情况。在旁路柔性电缆运行期间，应派专人看守、巡视。在车辆繁忙地段还应与交通管理部门取得联系，以取得配合。夜间作业应有足够的照明。

（13）组装完毕并投入运行的旁路作业装备可以在雨、雪天气运行（此条建议慎重执行），但应做好安全防护。禁止在雨、雪天气进行旁路作业装备敷设、组装、回收等工作。

（14）旁路作业中需要倒闸操作，必须由运行操作人员严格按照《配电倒闸操作票》进行，操作过程必须由两人进行，一人监护一人操作，并执行唱票制。操作机械传动的断路器（开关）或隔离开关（刀闸）时应戴绝缘手套。没有机械传动的断路器（开关）、隔离开关（刀闸）和跌落式熔断器，应使用合格的绝缘棒进行操作。

8.3.7 取电类项目

对于取电类项目协同工作：①带电作业人员负责从架空线路"取电"工作，执行《配电带电作业工作票》；②旁路作业人员负责在"可控"的无电状态下完成给移动箱变和低压用户"送电"的旁路回路"接入"工作，执行《配电第一种工作票》或共用《配电带电作业工作票》；③运行操作人员负责"倒闸操作"工作，执行《配电倒闸操作票》。

1. 带电作业协同工作

（1）带电工作负责人（或专责监护人）在工作现场必须履行工作职责和行使监护职责。

（2）进入绝缘斗内的作业人员必须穿戴个人绝缘防护用具（绝缘手套、绝缘服或绝缘披肩等），做好人身安全防护工作。使用的安全带应有良好的绝缘性能，起臂前安全带保险钩必须系挂在斗内专用挂钩上。

（3）个人绝缘防护用具使用前必须进行外观检查，绝缘手套使用前必须进行充（压）气检测，确认合格后方可使用。带电作业过程中，禁止摘下绝缘防护用具。

（4）绝缘斗臂车使用前应可靠接地。作业中，绝缘斗臂车绝缘臂伸出的有效绝缘长度不小于 1.0m。

（5）斗内电工按照"先外侧（近边相和远边相）、后内侧（中间相）"的顺序，依次对作业位置处带电体（导线）设置绝缘遮蔽（隔离）措施时，缘遮蔽（隔离）的范围应比作业人员活动范围增加 0.4m 以上，绝缘遮蔽用具之间的重叠部分不得小于 150mm。绝缘斗内双人作业时，禁止在不同相或不同电位同时作业进行绝缘遮蔽。

（6）斗内电工作业时严禁人体同时接触两个不同的电位体，在整个的作业过程中，包括设置（拆除）绝缘遮蔽（隔离）用具的作业中，作业工位的选择应合适，在不影响作业的前提下，人身务必与带电体和接地体保持一定的安全距离，以防斗内电工作业过程中人体串入电路。绝缘斗内双人作业时，禁止同时在不同相或不同电位作业。

（7）带电安装（拆除）安装高压旁路引下电缆前，必须确认（电源侧）旁路负荷开关处于"分"闸状态并可靠闭锁。

（8）带电安装（拆除）安装高压旁路引下电缆时，必须是在作业范围内的带电体（导线）完全绝缘遮蔽的前提下进行，起吊高压旁路引下电缆时应使用小吊臂缓慢进行。

（9）带电接入旁路引下电缆时，必须确保旁路引下电缆的相色标记 "黄、绿、红"与高压架空线路的相位标记 A（黄）、B（绿）、C（红）保持一致。接入的顺序是"远边相、中间相和近边相"导线，拆除的顺序相反。

（10）高压旁路引下电缆与旁路负荷开关可靠连接后，在与架空导线连接前，合上旁路负荷开关检测旁路回路绝缘电阻应不小于 500MΩ；检测完毕、充分放电后，断开且确认旁路负荷开关处于"分闸"状态并可靠闭锁。

（11）在起吊高压旁路引下电缆前，应事先用绝缘毯将与架空导线连接的引流线夹遮蔽好，并在其合适位置系上长度适宜的起吊绳和防坠绳。

（12）挂接高压旁路引下电缆的引流线夹时应先挂防坠绳、再拆起吊绳；拆除引流线夹时先挂起吊绳，再拆防坠绳；拆除后的引流线夹及时用绝缘毯遮蔽好后再起吊下落。

（13）拉合旁路负荷开关应使用绝缘操作杆进行，旁路回路投入运行后应及时锁死闭锁机构。旁路回路退出运行，断开高压旁路引下电缆后应对旁路回路充分放电。

（14）斗内电工拆除绝缘遮蔽（隔离）用具的作业中，应严格遵守"先内侧（中间相）、后外侧（近边相和远边相）"的拆除原则（与遮蔽顺序相反）。绝缘斗内双人作业时，禁止在不同相或不同电位同时作业拆除绝缘遮蔽（隔离）用具。

（15）从 10kV 架空线路临时取电给移动箱变供电作业。

1）带电作业人员接入低压电缆工作，也应严格按照带电作业方式进行。

2）依据《国网配电安规》（第 12.7 条）规定：带电、停电作业配合的项目，当带电、停电作业工序转换前，双方工作负责人应进行安全技术交接，并确认无误。

2．旁路作业+倒闸操作协同工作

（1）电缆工作负责人（或专责监护人）在工作现场必须履行工作职责和行使监护职责。

（2）采用旁路作业方式进行从架空线路临时取电给移动箱变供电时，必须确认线路负荷电流小于旁路系统额定电流（200A），旁路作业中使用的旁路负荷开关、移动箱变必须满足最大负荷电流要求（200A），旁路开关外壳应可靠接地，移动箱变车按接地要求可靠接地。

（3）展放旁路柔性电缆时，应在工作负责人的指挥下，由多名作业人员配合使旁路电缆离开地面整体敷设在保护槽盒内，防止旁路电缆与地面摩擦且不得受力，防止电缆出现扭曲和死弯现象。展放、接续后应进行分段绑扎固定。

（4）采用地面敷设旁路柔性电缆时，沿作业路径应设安全围栏和"止步、高压危险！"标示牌，防止旁路电缆受损或行人靠近旁路电缆；在路口应采用过街保护盒或架空敷设，如需跨越道路时应采用架空敷设方式。

（5）连接旁路设备和旁路柔性电缆前，应对旁路回路中的电缆接头、接口的绝缘部分进行清洁，并按规定要求均匀涂抹绝缘硅脂。

（6）采用自锁定快速插拔直通接头分段连接（接续）旁路柔性电缆终端时，应逐相将旁路柔性电缆的"同相色（黄、绿、红）"快速插拔终端可靠连接，带有分支的旁路柔性电缆终端应采用自锁定快速插拔 T 型接头。接续好的终端接头放置专用铠装接头保护盒内。三相旁路柔性电缆接续完毕后应分段绑扎固定。

（7）接续好的旁路柔性电缆终端与旁路负荷开关、移动箱变连接时应采用快速插拔终端接头，连接应核对分相标识，保证相位色的一致：相色"黄、绿、红"与同相位的 A（黄）、B（绿）、C（红）相连。

（8）旁路系统投入运行前必须进行核相，确认相位正确，方可投入运行。对低压用户临时转供的时候，也必须进行核相（相序）。

（9）展放和接续好的旁路系统接入前进行绝缘电阻检测应不小于 $500\text{M}\Omega$。绝缘电阻检测完毕后，以及旁路设备拆除前、电缆终端拆除后，均应进行充分放电，用绝缘放电棒放电时，绝缘放电棒（杆）的接地应良好。绝缘放电棒（杆）以及验电器的绝缘有效长度应不小于 0.7m。

（10）操作旁路设备开关、检测绝缘电阻、使用放电棒（杆）进行放电时，操作人员均应戴绝缘手套进行。

（11）旁路系统投入运行后，应每隔半小时检测一次回路的负载电流，监视其运行情况。在旁路柔性电缆运行期间，应派专人看守、巡视。在车辆繁忙地段还应与交通管理部门取得联系，以取得配合。夜间作业应有足够的照明。

（12）组装完毕并投入运行的旁路作业装备可以在雨、雪天气运行（此条建议慎重执行），但应做好安全防护。禁止在雨、雪天气进行旁路作业装备敷设、组装、回收等工作。

（13）旁路作业中需要倒闸操作，必须由运行操作人员严格按照《配电倒闸操作票》进行，操作过程必须由两人进行，一人监护一人操作，并执行唱票制。操作机械传动的断路器（开关）或隔离开关（刀闸）时应戴绝缘手套。没有机械传动的断路器（开关）、隔离开关（刀闸）和跌落式熔断器，应使用合格的绝缘棒进行操作。

第9章 配网不停电作业流程

标准化作业包含：按照相关的作业"标准"来落实、按照相关的作业"规程"来开展以及按照相关的作业"流程"来实施，以"工作票（操作票）、安全交底会（班前会、站班会、班后会）、作业指导书（卡）"等为依据来指导其作业全过程，确保安全、规范、有序地开展标准化工作。对于配网不停电作业流程来说，可以将其归纳为以下四个流程。

（1）作业前的准备工作；

（2）现场准备工作；

（3）现场作业工作；

（4）作业后的终结工作。

图9-1为配网不停电作业工作实施流程图（供参考）。

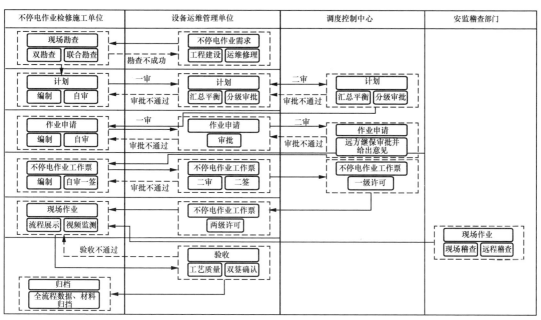

图9-1 配网不停电作业工作实施流程图

（此图由国网浙江省电力公司台州供电公司 林土方 提供）

9.1 作业前的准备工作流程

作业前的准备工作包括：工作开始、接受任务、现场勘察、填写《现场勘察记录》、判断是否具备作业条件、办理带电作业工作、编写《作业指导书（卡）》、填写《工作票》、召开班前会、领用工器具、召开出车会、工作结束，其工作流程如图9-2所示。

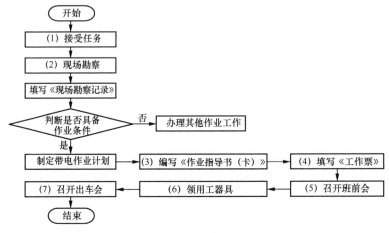

图9-2　作业前的准备工作流程图

9.1.1　接受任务

接受任务即接受周（日）工作计划，应明确工作地点、工作内容、计划工作时间、工作负责人、施工单位或班组、风险等级、编制作业指导书（卡）或施工方案、到岗到位人员、安全督查人员、作业计划编号或勘察编号等。

9.1.2　现场勘察

工作负责人或工作票签发人组织勘察，根据勘察结果确定作业方法、所需工具以及应采取的措施，《现场勘察记录》作为填写、签发《工作票》、编写《作业指导书（卡）》等的依据；开工前工作负责人应重新核对现场勘察情况，确认无变化后方可开工。

9.1.3　编写《作业指导书（卡）》

编写《作业指导书（卡）或施工方案》，并由编写人、审核人、审批人签名确认后生效。

9.1.4　填写《工作票》

工作负责人填写《工作票》，工作票签发人签发生效后，一份送至工作许可人处，一份由工作负责人收执并始终持票；承、发包工程"双签发"工作票时，双方工作票负责人分别签发、各自承担相应的安全责任。

9.1.5　召开班前会

工作负责人组织学习《作业指导书（卡）》，明确作业方法、人员分工、工作职责、安全措施、作业步骤等，并填写《现场安全交底卡》。

9.1.6 领用工器具

领用工器具应核对其电压等级和试验周期、外观完好无损，办理出入库清单并签字确认，装箱、装袋、装车准备运输。

9.1.7 召开出车会

检查作业车辆正常、工器具、材料齐全、资料齐全、作业人员着装统一、身体状况和精神状态正常，确认准备工作就绪后司乘人员安全出车。

9.2 现场准备工作流程

现场准备工作包括：工作开始、现场复勘、确认是否具备作业条件、开始带电作业工作、围挡设置、工作许可、召开站班会、摆放工器具、检查工器具、杆上工作准备、工作结束，其工作流程如图9-3所示。

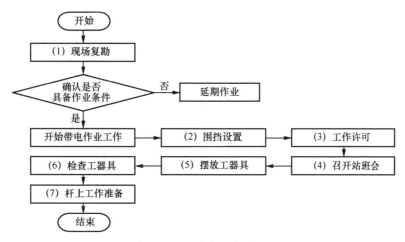

图 9-3 现场准备工作流程图

9.2.1 现场复勘

现场复勘，核对确认线路名称、工作地点、工作内容，检查确认现场装置、环境符合作业条件，检查确认风速、湿度符合带电作业条件，检查工作票所列安全措施，必要时补充。

9.2.2 围挡是设置

围挡设置，装设围栏警示"在此工作、从此进出!"，悬挂标示牌警示"止步，高压危险!"，设置路障/导向牌警示"前方施工，请慢行"，增设临时交通疏导人员并穿反光衣，增设临时交通疏导人员并穿反光衣。

9.2.3 工作许可

工作负责人申请工作许可，记录许可方式、工作许可人、工作许可时间和签名确认；

9.2.4 召开站班会

工作负责人列队宣读《工作票》，工作任务交底、安全措施交底、危险点告知，工作班成员精神状态良好检查确认，工作班成员安全交底知晓签名确认，工作负责人记录工作时间签名确认，工作负责人填写《安全交底卡》并签名确认；

9.2.5 摆放工器具

摆放工器具，工器具按类别分区摆放在防潮帆布或绝缘垫上。

9.2.6 检查工器具

工器具检查包括作业车辆以及旁路设备等，如工器具试验周期核对、外观检查和清洁、绝缘工具绝缘电阻检测不小于700MΩ、绝缘手套充压气检测不漏气且外观完好、安全带外观检查并作冲击试验检测合格等，车辆检查如绝缘斗臂车停放位置合适，支腿支到垫板上、轮胎离地、车体可靠接地，空斗试操作运行正常（升降、伸缩、回转等）等。

9.2.7 杆上工作准备

杆上工作准备包括：登杆工作、斗内工作、平台工作、旁路设备作业工作等，如斗内工作准备：斗内电工必须穿戴好个人防护用具（绝缘安全帽、绝缘手套、绝缘服或披肩、护目镜、安全带等）进入绝缘斗并挂安全挂钩，可携带的工器具等入斗，准备开始斗内工作。

9.3 现场作业工作流程

现场作业工作包括：工作开始、进入作业区域、遵照作业指导书（卡）操作、检查施工质量确认工作完成、退出作业区域、工作结束，其工作流程如图9-4所示。

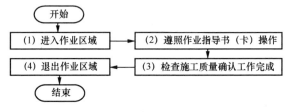

图9-4 现场作业工作流程图

9.3.1 进入作业区域

进入作业区域包括杆上电工、斗内电工等，如斗内电工进入带电作业区域应穿戴个人绝缘防护用具，并按规定正确验电和测流（带负荷作业项目以及旁路作业项目测流）。

9.3.2 遵照作业指导书（卡）操作

作业人员遵照作业指导书（卡）进行操作，工作负责人（监护人）、专责监护人履行工作监护制度在工作现场行使监护职责，有效实施作业中的危险点、程序、质量和行为规范控制等。

9.3.3 检查施工质量确认工作完成

工作完成，杆上、斗内电工应向工作负责人汇报确认本项工作已完成，检查施工质量确认工作已完成。

9.3.4 退出作业区域

检查杆上无遗留物，退出作业区域，返回地面，工作结束。

9.4 作业后的终结工作流程

作业后的终结工作包括：工作开始、清理现场、召开收工会、工作终结、入库办理、资料上报、工作结束。其工作流程图如图 9-5 所示。

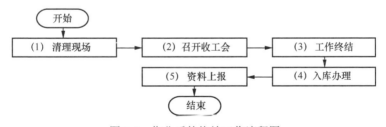

图 9-5 作业后的终结工作流程图

9.4.1 清理现场

工作负责人组织班组成员整理工器具、材料，清洁后装箱、装袋、装车，清理现场做到"工完、料尽、场地清"。

9.4.2 召开收工会

工作负责人对工作完成情况、安全措施落实情况、作业指导卡执行情况总结、点评。

9.4.3　工作终结

工作负责人向工作许可人申请工作终结，记录许可方式、工作许可人、终结报告时间并签字确认，工作结束、撤离现场。

9.4.4　入库办理

工器具（车辆）入库，填写入库清单并签字确认。

9.4.5　资料上报

留存资料分类归档，资料报表上报，任务单完成签字确认，工作结束。

第10章 配网不停电作业方案

配网不停电作业方案的编制与实施属于协同工作，如谁来编写（工作负责人）、谁来审核（相关人员）、谁来审批（相关人员）、谁来执行（工作票签发人、工作许可人）、谁来组织（工作负责人）、谁来实施（工作班成员）、谁来监护（专责监护人）、谁来监管（到岗到位人员、安全督查人员）等。严把作业风险第一关——方案编制关，方案的编制必须落实到位，包括如下内容。

（1）《现场勘察记录》的填写；

（2）《作业指导卡》的编写；

（3）《作业指导书》的编写；

（4）《施工方案》的编写；

（5）《安全交底卡》的填写；

（6）《配电带电作业工作票》的填写；

（7）《电力线路带电工作票》的填写；

（8）《配电第一种工作票》的填写；

（9）《配电倒闸操作票》的填写。

10.1 《现场勘察记录》填写方案

10.1.1 填写格式

《国网配电安规》附录 A 规定的《现场勘察记录》填写格式如下。

现场勘察记录（格式）

勘察单位：_____ 部门（或班组）：_____ 编号：_____

1. 勘察负责人：_____勘察人员：_____

_____

2. 勘察的线路名称或设备双重名称（多回应注明双重称号及方位）：_____

3. 工作任务[工作地点（地段）以及工作内容]：_____

_____

4. 现场勘察内容：

1.工作地点需要停电的范围

2．保留的带电部位

3．作业现场的条件、环境及其他危险点［应注明：交叉、邻近（同杆塔、并行）］电力线路；多电源、自发电情况，有可能反送电的设备和分支线；地下管网沟道及其他影响施工作业的设施情况

4．应采取的安全措施（防触电应注明接地线、绝缘隔板、遮栏、围栏、标示牌等装设位置，防高坠、窒息、物体打击等也应注明采取的安全措施）

5．附图与说明：

记录人：_____ 勘察日期：_____年____月____日____时

10.1.2　填写要求

《配电现场作业风险管控实施细则（试行）》（国家电网设备〔2022〕89号附件5）规定的"现场勘察记录"填写要求如下。

（1）现场勘察完成后，应采用文字、图片或影像相结合的 方式规范填写勘察记录，明确作业方式、危险点及预控措施等 关键要素，并由所有参与现场勘察人员签字确认，作为检修方案编制的重要依据。

（2）Ⅱ级风险作业项目勘察记录应一式三份，分别由县级以上公司运维管理部门、项目管理单位及项目实施单位留存归档。

（3）Ⅲ级风险作业项目勘察记录应一式二份，分别由县级以上公司项目管理单位及项目实施单位留存归档。

（4）Ⅳ级、Ⅴ级风险作业项目勘察记录由项目实施单位留存归档。

（5）带电作业现场勘察后应执行"三张照片"要求，即勘察人员应留存带电作业现场"点位远景照""点位近景照"和"作业部位照"影像资料。

10.1.3　填写规范

结合《配电现场作业风险管控实施细则（试行）》（国家电网设备〔2022〕89号附件5）中"现场勘察记录"的填写要求、国家电网有限公司有关"两票"（工作票、操作票）填用规范，配网不停电作业用"现场勘察记录"填写规范推荐如下。

勘察单位：_____　部门（班组）：_____　编号：_____

勘察单位：（1）指工作负责人所在的部门或单位，例如：配电运检中心。（2）外来单位应填写单位全称。

部门（或班组）：指参加勘察的班组。多班组参加，应填写全部参加班组。

编号：编号应连续且唯一，不得重号。编号共由 4 部分组成，含勘察单位特指字、年、月和顺序号。

勘察负责人：_____　勘察人员：_____　勘察的作业风险等级（增加内容）_____

设备运维人员（增加内容）：_____

勘察负责人：指组织该项勘察工作的负责人。Ⅰ级、Ⅱ级检修现场勘察由地市级单位设备管理部门组织开展，Ⅲ级检修现场勘察由县公司级单位组织开展，Ⅳ级、Ⅴ级检修由工作负责人或工作票签发人组织开展。

勘察人员：应逐个填写参加勘察的人员姓名。结合作业需求和作业条件生产现场实际情况组织相关人员参加，邻近带电设备的起重作业，应由具有起重指挥或起重操作资质人员参加，省电科院、设备厂家、设计单位（如有）、监理单位（如有）相关人员必要时参加。

勘察的作业风险等级：填写本次勘察时的作业风险等级。

设备运维人员：指勘察设备的运维人员，涉及多个运维单位，应逐个填写。

勘察的线路名称或设备双重名称（多回应注明双重称号及方位）：_____

工作任务［工作地点（地段）以及工作内容］：_____

_____

勘察的线路名称或设备的双重名称（多回应注明双重称号及方位）：填写线路全称，设备双重名称。

工作任务［工作地点（地段）和工作内容］：填写勘察地点及对应的工作内容。

现场勘察内容：
1．工作地点需要停电的范围
2．保留的带电部位
3．作业现场的条件、坏境及其他危险点［应注明：交叉、邻近（同杆塔、并行）］电力线路；多电源、自发电情况，有可能反送电的设备和分支线；地下管网沟道及其他影响施工作业的设施情况
4．应采取的安全措施（防触电应注明接地线、绝缘隔板、遮栏、围栏、标示牌等装设位置，防高坠、窒息、物体打击等也应注明采取的安全措施）
5．附图与说明：
记录人：_____　　勘察日期：_____年___月___日___时

现场勘察内容：由记录人根据勘察内容进行填写。现场勘察时，应仔细核对检修设备台账，核查设备运行状况及存在缺陷，梳理技改大修、隐患治理等任务要求，分析现场作业风险及预控措施，并对作业风险分级的准确性进行复核。涉及特种车辆作业时，还应明确车辆行驶路线、作业位置、作业边界等内容。

1. 工作地点需要停电的范围：根据工作任务，填写需要停电的设备。

2. 保留的带电部位：填写工作区域内存在的带电部位。

3. 作业现场条件、环境及其他危险点：填写交叉、邻近（同杆塔、并行）电力线路；多电源、自发电情况，有可能反送电的设备和分支线；地下管网沟道及其他影响施工作业等风险因素。

4. 应采取的安全措施：填写根据上述工作地点保留带电部位、作业现场的条件、环境及其他危险点，采取的针对性安全措施；根据确定的作业风险等级，采取的管控措施等。

5. 附图与说明：根据实际情况填写文字、简图以及图片说明等。

记录人及勘察日期：完成现场勘察后，由记录人填写姓名并填写勘察时间。

注：关于"附图与说明"推荐如下。

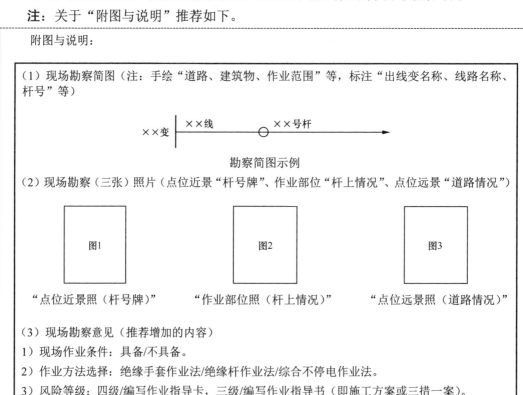

附图与说明：

（1）现场勘察简图（注：手绘"道路、建筑物、作业范围"等，标注"出线变名称、线路名称、杆号"等）

勘察简图示例

（2）现场勘察（三张）照片（点位近景"杆号牌"、作业部位"杆上情况"、点位远景"道路情况"）

图1   图2   图3

"点位近景照（杆号牌）"   "作业部位照（杆上情况）"   "点位远景照（道路情况）"

（3）现场勘察意见（推荐增加的内容）

1）现场作业条件：具备/不具备。

2）作业方法选择：绝缘手套作业法/绝缘杆作业法/综合不停电作业法。

3）风险等级：四级/编写作业指导卡，三级/编写作业指导书（即施工方案或三措一案）。

4）通道清理：有/无。

5）道路封路：封路/不封路。

（4）现场核对原现场勘察情况（推荐增加的内容）

1）无变化：安全措施不变。

2）有变化：修正和补充的安全措施 _____。

10.2　《作业指导卡》编写方案

结合生产实际，10kV 配网不停电作业用《作业指导卡》编写推荐格式如下所示（供参考）。

_____（项目名称）

作业指导卡

单位			编号			
编写		年　　月　　日	审核		年　　月　　日	
批准			作业时间		年　　月　　日	
作业内容						
工作负责人			作业班组			
工作班成员					共＿＿人	

1.　工器具配备

1.1　特种车辆

序号	名称	规格型号	单位	数量	备注

1.2　个人绝缘防护用具

序号	名称	规格型号	单位	数量	备注

1.3　绝缘遮蔽用具

序号	名称	规格型号	单位	数量	备注

1.4　绝缘工具

序号	名称	规格型号	单位	数量	备注

1.5 金属工具

序号	名称	规格型号	单位	数量	备注

1.6 旁路设备

序号	名称	规格型号	单位	数量	备注

1.7 仪器仪表

序号	名称	规格型号	单位	数量	备注

1.8 其他工具

序号	名称	规格型号	单位	数量	备注

1.9 设备材料

序号	名称	规格型号	单位	数量	备注

2. 作业流程

2.1 作业前的准备

序号	步骤	内容及注意事项	√

2.2 现场准备

序号	步骤	内容及注意事项	√

2.3 现场作业

序号	步骤	内容及注意事项	√

2.4 作业后的终结

序号	步骤	内容及注意事项	√

10.3 《作业指导书》编写方案

结合生产实际，10kV 配网不停电作业用《作业指导书》编写推荐格式如下所示（供参考）。

【封面】

编号：_____

_____（项目名称）

作业指导书

编写：_____ ___年___月___日

审核：_____ ___年___月___日

批准：_____ ___年___月___日

作业负责人：_____

作业时间：___年___月___日___时___分至___年___月___日___时___分

×××（单位名称）

【内文】

1. 适用范围

本指导书适用于……。

2. 引用文件

GB/T 18857—2019《配电线路带电作业技术导则》

Q/GDW 10520—2016《10kV 配网不停电作业规范》

Q/GDW 10799.8—2023《国家电网有限公司电力安全工作规程 第 8 部分：配电部分》

《配电现场作业风险管控实施细则（试行）》（国家电网设备〔2022〕89 号附件 5）

……

3．人员配置

序号	责任人	分工	人数
1	工作负责人（监护人）		
2	专责监护人		
3	斗内电工		
4	地面电工		
5	……		

4．工器具配置

4.1　特种车辆

序号	名称	规格型号	单位	数量	备注

4.2　个人防护用具

序号	名称	规格型号	单位	数量	备注

4.3　绝缘遮蔽用具

序号	名称	规格型号	单位	数量	备注

4.4　绝缘工具

序号	名称	规格型号	单位	数量	备注

4.5　金属工具

序号	名称	规格型号	单位	数量	备注

4.6 旁路设备

序号	名称	规格型号	单位	数量	备注

4.7 仪器仪表

序号	名称	规格型号	单位	数量	备注

4.8 其他工具

序号	名称	规格型号	单位	数量	备注

4.9 设备材料

序号	名称	规格型号	单位	数量	备注

5．作业流程

5.1 作业前的准备

序号	步骤	内容及注意事项	√

5.2 现场准备

序号	步骤	内容及注意事项	√

5.3 现场作业

序号	步骤	内容及注意事项	√

5.4 作业后的终结

序号	步骤	内容及注意事项	√

6. 验收总结

序号	作业总结	
1	验收评价	按指导书要求完成工作
2	存在问题及处理意见	无

7. 指导书执行情况签字栏

作业地点：	日期：
工作班组：	工作负责人（签字）：
班组成员（签字）：	

8. 附录

10.4 《施工方案》编写方案

结合生产实际，10kV 配网不停电作业用《施工方案（三措一案）》编写推荐格式如下所示（供参考）。

【封面】

编号：_____

_____（项目名称）
施工方案（三措一案）

编写：_____ 日期：_____
审核：_____ 日期：_____
审批：_____ 日期：_____
运行单位：_____
工程名称：_____
施工单位：_____
_____年___月___日

【内文】

1．工程概况

1.1　编制依据

1.1.1　现场勘察记录

1.1.2　引用文件

《配电线路带电作业技术导则》（GB/T 18857—2019）

《10kV 配网不停电作业规范》（Q/GDW 10520—2016）

《国家电网有限公司电力安全工作规程　第 8 部分：配电部分》（Q/GDW 10799.8—2023）

《配电现场作业风险管控实施细则（试行）》（国家电网设备〔2022〕89 号附件 5）

1.2　作业地点

依据《现场勘察记录》，本方案适用于图 1、图 2、图 3 所示的_____变_____线____号杆。

图 1　点位近景"杆号牌"作业部位　　图 2　"杆上情况"点位　　图 3　远景"道路情况"

【注】现场勘察（三张）照片图

1.3　作业任务

依据《现场勘察记录》、《10kV 配网不停电作业规范》（Q/GDW 10520—2016），本方案采用_____（作业方法）完成_____（作业内容）工作，现场布置如图 4 所示的现场勘察简图。

图 4　现场勘察简图

1.4　风险等级

依据《配电现场作业风险管控实施细则（试行）》（国家电网设备〔2022〕89 号附件 5），本次作业风险等级为三级，编写施工方案（作业指导书）严格遵照执行，施工现场到岗到位人员落实落地。

1.5　计划作业时间

_____年___月___日___时___分至___时___分。

3．组织措施

3.3　工作制度

3.3.1　……

……

4．技术措施

4.1　停用重合闸

4.1.1　……

……

4.2　个人防护

4.2.1　……

……

4.3　现场检测

4.3.1　……

……

4.4　验电检流

4.4.1　……

……

4.5　安全距离

4.5.1　……

……

4.6　绝缘遮蔽

4.6.1　……

……

5．安全措施

5.1　危险点预控措施

5.1.1　……

……

5.2　安全注意事项

5.2.1　……

……

7．施工方案

7.1　人员配置

序号	责任人	分工	人数
1	工作负责人（监护人）		
2	专责监护人		

3	斗内电工		
4	地面电工		
5	……		

7.2　工器具配置

7.2.1　特种车辆

序号	名称	规格型号	单位	数量	备注

7.2.2　个人防护用具

序号	名称	规格型号	单位	数量	备注

7.2.3　绝缘遮蔽用具

序号	名称	规格型号	单位	数量	备注

7.2.4　绝缘工具

序号	名称	规格型号	单位	数量	备注

7.2.5　金属工具

序号	名称	规格型号	单位	数量	备注

7.2.6　旁路设备

序号	名称	规格型号	单位	数量	备注

7.2.7 仪器仪表

序号	名称	规格型号	单位	数量	备注

7.2.8 其他工具

序号	名称	规格型号	单位	数量	备注

7.2.9 设备材料

序号	名称	规格型号	单位	数量	备注

7.3 作业流程

7.3.1 作业前的准备

序号	步骤	内容及注意事项	√

7.3.2 现场准备

序号	步骤	内容及注意事项	√

7.3.3 现场作业

序号	步骤	内容及注意事项	√

7.3.4 作业后的终结

序号	步骤	内容及注意事项	√

8. 文明施工

8.1 ······

8.1.1 ······

······

9. 应急预案（推荐）

9.1 ······

9.1.1 ······

······

10.5 《安全交底卡》填写方案

结合生产实际，10kV 配网不停电作业用《安全交底卡》填写推荐格式如下所示（供参考）。

安全交底卡（格式）

单位：　　　　　　　　　　班组：　　　　　　　　　　交底卡编号：

负责人		工作任务	
工作地点			
工作时间	自　年　月　日　时　分至　年　月　日　时　分		
安全交底会日期和时间	年　月　日　时　分		
工作人员分工及专责监护人情况	1. 工作负责人（监护人）： 2. 斗内电工： 3. 地面电工： 4. 专责监护人：		
工作票安全措施内容	工作票种类：□一票　　□二票　　☑带电　　□其他 编号：＿＿＿＿＿＿＿＿＿＿＿＿＿＿		
工作中存在的危险点及防范措施			
现场补充安全措施和注意事项			
工作班成员对现场交底认可情况，签名并打勾确认	本人已清楚当日个人工作任务、明白工作中危险点、认可现场安全措施，对现场交底无异议。		
	（是/否）认可	（是/否）认可	（是/否）认可
	（是/否）认可	（是/否）认可	（是/否）认可

223

续表

工作班成员对现场交底认可情况，签名并打勾确认	（是/否）认可	（是/否）认可	（是/否）认可
	（是/否）认可	（是/否）认可	（是/否）认可
	（是/否）认可	（是/否）认可	（是/否）认可
	（是/否）认可	（是/否）认可	（是/否）认可
	（是/否）认可	（是/否）认可	（是/否）认可

10.6　《配电带电作业工作票》填写方案

10.6.1　填写格式

依据《国网配电安规》（附录 D）的规定，10kV 配网不停电作业用《配电带电作业工作票》填写格式如下所示（供参考）。

配电带电作业工作票（格式）

单位：＿＿＿＿＿＿＿＿＿＿　　　　编号：＿＿＿＿＿＿＿＿＿＿

1．工作负责人：＿＿＿＿＿＿　　班组：＿＿＿＿＿＿＿＿＿＿

2．工作班成员（不包括工作负责人）：＿＿＿＿＿＿＿＿＿＿

＿＿＿＿＿＿＿＿＿＿＿＿＿＿＿＿＿＿＿＿＿共＿＿人。

3．工作任务：

工作线路名称或设备双重名称	工作地段、范围	工作内容及人员分工	监护人

4．计划工作时间：自＿＿＿＿年＿＿月＿＿日＿＿时＿＿分

至＿＿＿＿年＿＿月＿＿日＿＿时＿＿分

5．安全措施：

5.1　调控或运维人员应采取的安全措施：

线路名称或设备双重名称	是否需要停用重合闸	作业点负荷侧需要停电的线路、设备	应装设的安全遮栏（围栏）和悬挂的标识牌

5.2　其他危险点预控措施和注意事项：

＿＿＿＿＿＿＿＿＿＿＿＿＿＿＿＿＿＿＿＿＿＿＿＿＿＿＿

_____

_____

_____

_____

_____

工作票签发人签名：_____　　　　　_____年____月____日____时____分

工作负责人签名：_____　　　　　_____年____月____日____时____分

6．工作许可：

许可的线路、设备	许可方式	工作许可人	工作负责人签名	工作许可时间

7．现场补充的安全措施：

_____

_____

_____

8．现场交底：工作班成员确认工作负责人布置的工作任务、人员分工、安全措施和注意事项并签名：

_____

_____

_____

9．_____年____月____日____时____分工作负责人下令开始工作。

10．工作票延期：有效期延长到_____年____月____日____时____分。

工作负责人签名：_____年____月____日____时____分

工作许可人签名：_____年____月____日____时____分

11．工作终结：

11.1　工作班人员已全部撤离现场，工具、材料已清理完毕，杆塔、设备上已无遗留物。

11.2　工作终结报告：

终结的线路、设备	报告方式	工作许可人	工作负责人签名	终结报告时间
				年　月　日　时　分
				年　月　日　时　分

12．备注：

作业计划编号：_____

其他需要说明的事项：_____

10.6.2 填写规范

结合国家电网有限公司有关"两票"（工作票、操作票）填用规范，10kV 配网不停电作业用"配电带电作业工作票"填写规范推荐如下所示。

> 单位：_____　　　编号：_____

单位：（1）指工作负责人所在的部门或单位名称，例如：配电运检中心等；（2）外来施工单位应填写单位全称。

编号：工作票编号应连续且唯一，由许可单位按顺序编号，不得重号。编号共由 4 部分组成，应包含特指字（配调班、供电所、专业班组等简称）、年、月和顺序号。年使用四位数字，月使用两位数字，顺序号使用三位数字。

作业计划编号：指安全风险管控监督平台作业计划编号，填写在工作票备注栏。

> 1．工作负责人：_____　　　班组：_____

1．工作负责人：指该项工作的负责人。★班组：指参与工作的班组，若多班组工作，应填写全部工作班组。

> 2．工作班成员（不包括工作负责人）：_____
> _____共____人。

2．工作班成员（不包括工作负责人）：应逐个填写参加工作的人员姓名，共____人。

> 3．工作任务：
>
> | 工作线路名称或设备双重名称 | 工作地段、范围 | 工作内容及人员分工 | 监护人 |
> | --- | --- | --- | --- |
> | | | | |
> | | | | |

3．工作任务

（1）线路名称或设备双重名称：填写线路、设备的电压等级和双重名称。

（2）工作地段或范围：填写工作线路（包括有工作的分支线、T 接线路等）或设备工作地点地段、起止杆号，起止杆号应与设备实际编号对应。

（3）工作内容及人员分工：工作内容应清晰准确，不得使用模糊词语。人员分工应注明。

（4）监护人：填写指定的监护人姓名。

> 4．计划工作时间：自_____年____月___日___时___分
> 　　　　　　　　　至_____年____月___日___时___分

4．计划工作时间：

填写已批准的检修期限，时间应使用阿拉伯数字填写，包含年（四位），月、日、时、分（均为双位，24h 制）。

---

5. 安全措施：

5.1 调控或运维人员应采取的安全措施：

线路名称或设备双重名称	是否需要停用重合闸	作业点负荷侧需要停电的线路、设备	应装设的安全遮栏（围栏）和悬挂的标识牌

5．安全措施

5.1 调控或运维人员应采取的安全措施

（1）是否需要停用重合闸：填"是"或"否"

（2）作业点负荷侧需要停电的线路、设备：填写线路名称或设备双重名称（多回线路应注明双重称号及方位），没有则填"无"。

（3）应装设的安全遮栏（围栏）和悬挂的标示牌：分类填写遮栏、标示牌及所设的位置。

5.2 其他危险点预控措施和注意事项：

_____

_____

_____

工作票签发人签名：_____ _____年____月____日____时____分

工作负责人签名：_____ _____年____月____日____时____分

5.2 其他危险点预控措施和注意事项：

（1）根据现场工作条件和设备状况，填写相应的安全措施和注意事项，没有则填"无"。

（2）工作票签发人、工作负责人对上述所填内容确认无误后签名并填写时间。

---

6. 工作许可：

许可的线路、设备	许可方式	工作许可人	工作负责人签名	工作许可时间
				_____年___月___日___时___分
				_____年___月___日___时___分

6．工作许可：

确认本工作票 1～5 项正确完备，许可工作开始：

（1）工作许可人在确认相关安全措施完成后，方可许可工作。

（2）工作许可人和工作负责人分别在各自收执的工作票上填写许可的线路或设备的双重名称、许可方式、工作许可人、工作负责人、许可工作时间。

7. 现场补充的安全措施：
_____

7. 现场补充的安全措施：

工作负责人或工作许可人根据现场的实际情况，补充安全措施和注意事项。无补充内容时填写"无"。

8. 现场交底：工作班成员确认工作负责人布置的工作任务、人员分工、安全措施和注意事项并签名：
_____
_____

8. 现场交底，工作班成员确认工作负责人布置的工作任务、人员分工、安全措施和注意事项并签名：

工作班成员在明确了工作负责人、专责监护人交代的工作内容、人员分工、带电部位、现场布置的安全措施和工作的危险点及防范措施后，每个工作班成员在工作负责人所持工作票上签名，不得代签。

9. _____年____月____日____时____分工作负责人下令开始工作。

9. 下令开始时间：填写工作负责人下令开始工作的时间。

10. 工作票延期：有效期延长到_____年___月___日___时___分。
工作负责人签名：_____年___月___日___时___分
工作许可人签名：_____年___月___日___时___分

10. 工作票延期：

（1）工作票延期手续，应在工作票的有效期内，由工作负责人向工作许可人提出申请，得到同意后办理。

（2）工作负责人和工作许可人在各自收执的工作票上签名并记录许可时间。

11.工作终结：
11.1 工作班人员已全部撤离现场，工具、材料已清理完毕，杆塔、设备上已无遗留物。
11.2 工作终结报告：

终结的线路、设备	报告方式	工作许可人	工作负责人签名	终结报告时间
				_____年__月__日__时___分
				_____年__月__日__时___分

11. 工作终结：

11.1 工作负责人确认工作班成员已全部撤离现场，材料工具已清理完毕，杆塔、设备上已无遗留物。

11.2 工作终结报告：

工作负责人向工作许可人汇报工作完毕，填写终结的线路或设备名称、报告方式、工作负责人、工作许可人、终结报告时间。在"终结报告时间"栏盖"已执行"章：已执行。

> 12. 备注：
> 　　作业计划编号：指安全风险管控监督平台作业计划编号＿＿＿＿＿＿＿＿＿＿＿＿＿
> 　　其他需要说明的事项：如天气、湿度、风速等＿＿＿＿＿＿＿＿＿＿＿＿＿＿＿＿＿

12. 备注：

（1）填写作业计划编号：指安全风险管控监督平台作业计划编号。

（2）其他需要说明的事项：如天气、湿度、风速等。

10.7 《电力线路带电工作票》填写方案

依据《电力安全工作规程　电力线路部分》（GB 26859—2011）附录 C 的规定，《电力线路带电作业工作票》填写格式如下所示（供参考）。

电力线路带电作业工作票（格式）

单位		编号	
工作负责人 （监护人）		班组	
工作班成员（不包括工作负责人）： 共＿＿人			
工作任务	线路或设备名称	工作地点或地段	工作内容
计划工作时间：自　　　年　　月　　日　　时　　分至　　　年　　月　　日　　时　　分			
停用重合闸线路：			
工作条件（等电位、中间电位或地电位作业，或邻近带电线路名称）：			
注意事项（安全措施）：			
工作票签发人签名：　　　　　　　　　签发日期：　　年　　月　　日　　时　　分			
确认本工作票上述各项内容，工作负责人签名：　　　　　　　年　　月　　日　　时　　分			

续表

工作许可：调度许可人（联系人） 工作负责人签名：	许可时间：	年	月	日	时	分
		年	月	日	时	分

指定 　　　　为专责监护人，专责监护人签名：

补充安全措施：

确认工作负责人布置的工作任务和安全措施，工作班成员签名：

工作终结汇报调度许可人（联系人）　　　工作负责人签名：	年	月	日	时	分

10.8 《配电第一种工作票》填写方案

依据《国网配电安规》附录 B 的规定，10kV 配网不停电作业用《配电第一种工作票》填写推荐格式如下所示（供参考）。

配电第一种工作票

单位： 　　　　　　　　　　　　　　　　　　编号：

1	工作负责人：	班组：
2	工作班成员（不包括工作负责人）：＿＿＿＿＿＿＿＿＿＿＿＿＿＿＿＿＿ ＿＿＿＿＿＿＿＿＿＿＿＿＿＿＿＿＿＿＿＿＿共＿＿＿人	
3	停电线路名称（多回线路应注明双重称号）：＿＿＿＿＿＿＿＿＿＿＿	

	工作任务	
4	工作地点（地段）或设备[注明变（配）电站、线路名称、设备双重名称及线路起止杆号等]	工作内容

5	计划工作时间：自 ＿＿＿＿年＿＿＿月＿＿＿日＿＿＿＿时＿＿＿分 　　　　　　　　至 ＿＿＿＿年＿＿＿月＿＿日＿＿＿＿时＿＿＿分

6	安全措施[应改为检修状态的线路、设备名称，应断开的断路器（开关）、隔离开关（刀闸）、熔断器，应合上的接地刀闸，应装设的接地线、绝缘挡板、遮栏（围栏）和标示牌等，装设的接地线应明确具体位置，必要时可附页绘图说明]
	6.1 调控或运维人员[变（配）电站等]应采取的安全措施
	（1）应断开的设备名称

变（配）电站或线路、设备名称等	应断开的断路器、隔离开关、熔断器（注明设备双重名称）	执行人

（2）应合接地刀闸、应装操作接地线、应装设绝缘挡板

接地刀闸，接地线、绝缘挡板装设地点	接地线（绝缘挡板）编号	执行人	接地刀闸，接地线、绝缘挡板装设地点	接地线（绝缘挡板）编号	执行人

（3）应设遮栏，应挂标示牌	执行人

6	6.2　工作班完成的安全措施	已执行

6.3　工作班装设（或拆除）的工作接地线

线路名称或设备双重名称和装设位置	接地线编号	装设人	装设时间	拆除人	拆除时间
			年　月　日　时　分		年　月　日　时　分
			年　月　日　时　分		年　月　日　时　分
			年　月　日　时　分		年　月　日　时　分

6.4　配合停电线路应采取的安全措施	执行人

6.5　保留或邻近的带电线路、设备

6	6.6 其他安全措施和注意事项： 工作票签发人签名：_____ _____年____月____日___时____分 工作票签发人签名：_____ _____年____月____日___时____分 工作负责人签名：_____ _____年____月____日___时____分 6.7 其他安全措施和注意事项补充（由工作负责人或工作许可人填写）
7	收到工作票时间：_____年____月____日___时____分 调控（运维）人员签名：_____

	工作许可：				
8	许可内容	许可方式	工作许可人	工作负责人签名	许可工作的时间
					年 月 日 时 分
					年 月 日 时 分
					年 月 日 时 分

9	指定专责监护人： （1）指定专责监护人_____负责监护_____ _____（地点及具体工作） （2）指定专责监护人_____负责监护_____ _____（地点及具体工作） （3）指定专责监护人_____负责监护_____ _____（地点及具体工作） 现场交底，工作班成员确认工作负责人布置的工作任务、人员分工、安全措施和注意事项并签名： _____
10	开始工作时间： _____年__月__日___时___分工作负责人确认工作票所列当前工作所需的安全措施全部执行完毕，下令开始工作。

	工作任务单登记：				
11	工作任务单编号	工作任务	小组负责人	工作许可时间	工作结束报告时间
				年 月 日 时 分	年 月 日 时 分
				年 月 日 时 分	年 月 日 时 分
				年 月 日 时 分	年 月 日 时 分
12	人员变更：

续表

12	12.1 工作负责人变动情况：原工作负责人_____离去，变更_____为工作负责人 工作票签发人签名_____　　　　　_____年_____月_____日_____时_____分 原工作负责人签名确认：_____　新工作负责人签名确认：_____ 　　　　　　　　　　　　　　　　　_____年_____月_____日_____时_____分

12.2 工作人员变动情况

新增人员	姓名						
	变更时间						
	工作负责人签名						
离开人员	姓名						
	变更时间						
	工作负责人签名						

13	工作票延期：有效期延长到_____年_____月_____日_____时_____分。 工作负责人签名_____　　　　　　　　　_____年___月___日_____时_____分 工作许可人签名_____　　　　　　　　　_____年___月___日_____时_____分

14 每日开工和收工记录（使用一天的工作票不必填写）

收工时间	工作许可人	工作负责人	开工时间	工作许可人	工作负责人

15 工作终结：

15.1 工作班现场所装设接地线共_____组、个人保安线共_____组已全部拆除，工作班布置的其他安全措施已恢复，工作班成员已全部撤离现场，材料工具已清理完毕，杆塔、设备上已无遗留物。

15.2 工作终结报告：

终结内容	报告方式	工作负责人	工作许可人	终结报告时间
				年　月　日　时　分
				年　月　日　时　分
				年　月　日　时　分

16	备注： 作业计划编号：
17	现场施工简图：

10.9　《配电倒闸操作票》填写方案

依据《国网配电安规》附录 J 的规定，10kV 配网不停电作业用《配电倒闸操作票》填写推荐格式如下所示（供参考）。

配电倒闸操作票（格式）

单位：　　　　　　　　　　　　　　　　　　　　　　　编号：

发令人：	受令人：		发令时间：	年　月　日　时　分
操作开始时间：	年　月　日　时　分		操作结束时间：	年　月　日　时　分
操作任务：				
顺序	操作项目			√
备注：				
操作人：			监护人：	

参 考 文 献

[1] 广东立胜电力技术有限公司，河南启功建设有限公司．配网不停电作业工作手册［M］．北京：中国电力出版社，2025．

[2] 河南启功建设有限公司．配网不停电作业技术发展与四管四控［M］．北京：中国电力出版社，2024．

[3] 河南启功建设有限公司．配网不停电作业技术应用与装备配置［M］．北京：中国电力出版社，2023．

[4] 河南宏驰电力技术有限公司．配网不停电作业项目指导与风险管控［M］．北京：中国电力出版社，2023．

[5] 国家电网公司运维检修部．10kV 配网不停电作业规范［M］．北京：中国电力出版社，2016．

[6] 国家电网公司．国家电网公司配电网工程典型设计 10kV 架空线路分册．北京：中国电力出版社，2016．

[7] 国家电网公司．国家电网公司配电网工程典型设计 10kV 配电变台分册．北京：中国电力出版社，2016．

[8] 杨晓翔．配网不停电作业技术问诊[M]．北京：中国电力出版社，2015．

[9] 史兴华．配电线路带电作业技术与管理．北京：中国电力出版社，2010．

[10] 国家电网公司人力资源部．配电线路带电作业．北京：中国电力出版社，2010．

[11] 国家电网公司人力资源部．带电作业基础知识．北京：中国电力出版社，2010．